U0026214

PETIT GÂTEAU

RECIPE

時尚法式甜點

步驟最詳盡，一次網羅35家熱門店人氣配方！

café-sweets 編輯部／編著

安珀／譯

前 言

　　色彩繽紛的「小蛋糕」（Petit Gâteau）陳列在展示櫃中。小蛋糕散發出的光輝吸引住顧客，令人感受到甜點師的技術水準和心意。可以說是甜點店明星商品的這類小蛋糕，素材、製作方法一直不斷進化，同時也有回歸經典、流行取向、餐後甜品的研發等，甜點師製作甜點的創意不斷推陳出新，呈現出前所未有、百花齊放的樣貌。

　　本書中，從經驗老到的職人到新秀甜點師，跨越資歷的界線，介紹受注目的35家店的小蛋糕傑作，連同食譜一併刊載。基本款、拿手甜點、新作品、季節商品等，每個作品在店裡的重要性雖各有不同，卻全都強烈反映出甜點師的風格。從詳細的食譜中，不僅可以看到製作方法的重點，也可一覽甜點師和店家對於甜點製作的想法。

　　除了35款小蛋糕之外，在「CHAPTER 2」和「CHAPTER 3」的後半部還刊載了共計超過80款的小蛋糕菜單・目錄「PETIT GÂTEAU / COLLECTION」。為本書增色不少的繽紛小蛋糕及其創意，應該會大大刺激甜點師的創作欲望。請務必當做製作甜點時的靈感，善加利用。

CONTENTS

※上欄是店名，下欄是商品名

本書是以從《café-sweets》vol.169～vol.181的連載，以及vol.164、vol.165、vol.169、vol.173、vol.179的特輯中摘錄出的內容，重新編輯而成。內容為當時的資訊，有的商品現在已不再製作，有的商品已變更設計。

CHAPTER 3
讓巧克力
華麗變身的技術

本書使用須知

[**關於材料**]

▸ 「容易製作的分量」，基本上是取店家的製作量。尤其是麵糊，有時是以也要用在其他商品中為
　前提來製作的，有時是材料的分量很多，可以大量製作。

▸ 食譜中出現的「分量外」的材料，如果沒有特別標示的話，請適量使用。

▸ 奶油使用的是無鹽奶油。

▸ 粉類要事先分別過篩。如果需要將多種粉類混合過篩，會記載在食譜的「前置準備」中。

▸ 如果沒有特別載明的話，香草莢是將豆莢剖開之後取出香草籽，一起使用豆莢和香草籽。

▸ 以冷水泡軟的明膠片要瀝乾水分後再使用。

▸ 為了提供讀者參考，做出近似該款甜點的味道，有一部分材料會刊載製造商名稱或製品名稱。

[**關於食譜**]

▸ 商品名稱和配料名稱，基本上以店家的寫法為準。

▸ 記載於材料欄的「使用模具」，是將多種配料組合之後進行最後潤飾時所使用的模具，不是製作
　各種配料時所使用的模具或麵皮的壓模（那些會刊載在食譜中）。請以甜點的完成尺寸為準。

▸ 模具的尺寸為各店家所使用的模具實際尺寸。

▸ 使用攪拌機攪拌的時候，請在中途適時停止攪拌，清理附著在攪拌盆內側側面的材料。

▸ 攪拌機的速度和攪拌時間、烤箱的溫度和烘烤時間等僅供參考。請按照機種和麵糊的狀態等適度
　調整。

▸ 使用層次烤爐（deck oven）的話，會刊載「上火」、「下火」的溫度。不過，即使是使用層次
　烤爐，有時也會只刊載「○○℃」。這時，請以該溫度為參考標準，調整「上火」、「下火」。

▸ 室溫以20〜25℃為準。

CHAPTER

1

名店、實力派甜點師的
風格

本章聚焦於引領日本甜點業界的知名店鋪和實力派甜點
師。他們培養感性、磨練技術多年，早已確立自己的獨
特風格，並表現在商品的每個細節。本章介紹10款小蛋
糕，充滿甜點師的個人風格，不隨波逐流，無論男女老
少皆喜愛。

à tes souhaits!

~~~~~~

葡萄柚果仁慕斯

葡萄柚 × 果仁糖

店主兼甜點師
川村英樹先生

使用2種不同顏色的新鮮葡萄柚，分別做成果醬和帶皮果醬，營造出
清爽的味道和鮮豔的色彩。葡萄柚的風味以及未焦糖化的
果仁糖溫和醇厚的味道，兩者的完美結合是這道甜點的精彩之處。葡萄柚的苦味被恰如其分地中和，水嫩多汁、
清爽的餘味舒暢地擴散開來。川村英樹先生重視味道的強弱變化與平衡，也重視素材的質感。
他對素材精挑細選，還親手製作果泥和果仁糖，讓素材的潛力完美呈現。

〔 材料 〕 使用模具：33×24cm、高4cm的方形框模（1模約35個份）

▸糖煮紅葡萄柚
（容易製作的分量）

水…1000g
細砂糖…500g
香草莢…2根
紅葡萄柚…6～7個

▸紅葡萄柚果醬
（容易製作的分量，使用方形框模1模200g）

糖煮紅葡萄柚的果肉…由上記取出530g
糖煮紅葡萄柚的糖漿…由上記取出53g
細砂糖…42.4g
NH果膠…9.5g

▸葡萄柚帶皮果醬
（容易製作的分量，使用方形框模1模290g）

水煮葡萄柚（P.170）…1000g
細砂糖A…150g
細砂糖B…150g
NH果膠…10g
葡萄柚的濃縮果泥…500g

▸葡萄柚達克瓦茲
（60×40cm的烤盤2盤份，約35個份）

蛋白…800g
細砂糖…240g
杏仁粉…600g
糖粉…275g
低筋麵粉…120g
葡萄柚皮…2個份

▸占度亞巧克力醬
（容易製作的分量，使用方形框模1模600g）

牛奶…230g
蛋黃…69g
細砂糖…17g
明膠片…4.4g
牛奶巧克力（可可含量38%）…22g
占度亞巧克力…288g

▸葡萄柚慕斯
（約35個份）

牛奶…149g
蛋黃…80g
細砂糖…60g
明膠片…11.4g
葡萄柚的濃縮果泥…65g
葡萄柚皮…1.1g
香緹鮮奶油*…298g

＊將鮮奶油（乳脂肪含量38%）加入10%的糖打至6分發

▸杏仁果仁糖芭芭露亞
（約35個份）

杏仁果仁糖…從成品中取出164g
├ 杏仁（西西里島產／無皮）…100g
├ 細砂糖…50g
└ 糖粉…50g
鮮奶油A（乳脂肪含量35%）…126g
牛奶…126g
蛋黃…60g
細砂糖…63g
明膠片…9.6g
鮮奶油B（乳脂肪含量35%）…173g

▸組合・最後潤飾
（約35個份）

焦糖杏仁（P.170）…70g
紅醋栗…適量
透明鏡面果膠…適量
金箔…適量

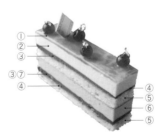

① 紅葡萄柚果醬
② 葡萄柚慕斯
③ 占度亞巧克力醬
④ 葡萄柚帶皮果醬
⑤ 葡萄柚達克瓦茲
⑥ 杏仁果仁糖芭芭露亞
⑦ 焦糖杏仁

〔 作法 〕

糖煮紅葡萄柚

① 將水、細砂糖、香草莢放入鍋中，加熱煮沸。
② 紅葡萄柚去皮，將果肉分切成小瓣之後取出果肉。將果肉加入①中，以小火加熱。
③ 離火後暫時靜置於室溫中。然後在冷藏室中放置一晚。使用前取出香草莢的豆莢，過濾之後分成果肉（Ⓐ）和糖漿。

紅葡萄柚果醬

前置準備：將細砂糖和NH果膠混合

① 將糖煮紅葡萄柚的果肉和糖漿放入鍋中（**A**），開火加熱至40℃為止。
② 加入已混合的細砂糖和NH果膠，以打蛋器攪拌（**B**）。轉為大火加熱，同時以打蛋器將果肉拌開（**C**）。開始冒出大氣泡後稍微煮乾水分就OK了。
③ 移入Robot Coupe食物處理機中稍加打碎（**D**），再移入缽盆中。缽盆底部墊著冰水充分冷卻。

葡萄柚帶皮果醬

前置準備：將細砂糖B和NH果膠混合

① 將水煮葡萄柚（**A**）放入Robot Coupe食物處理機中打碎成果泥狀（**B**）。
② 將①移入鍋中，加入細砂糖A，一邊以木鏟攪拌一邊以大火加熱至40℃。加入已混合的細砂糖B和NH果膠，一邊攪拌一邊持續以大火加熱，加熱至如照片（**C**）所示呈現透明感和濃稠狀時離火。
③ 加入葡萄柚的濃縮果泥攪拌（**D**），開火加熱迅速煮一下。移入缽盆，底部墊著冰水充分冷卻。

POINT

→ 帶皮果醬和果醬是本店以新鮮水果製作而成，味道和質地都可以依照自己的喜好調整。香味濃醇久久不散。天然的色澤也充滿魅力。

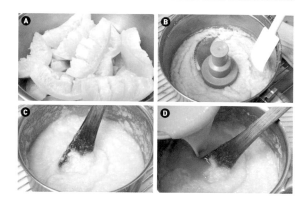

葡萄柚達克瓦茲

前置準備：將葡萄柚皮磨碎

① 將蛋白和細砂糖放入攪拌盆中，以高速打發至充分起泡。加入杏仁粉、糖粉、低筋麵粉、磨碎的葡萄柚皮，以橡皮刮刀攪拌至沒有粉粒為止。
② 將2塊60×40cm的烤盤鋪上SILPAT烘焙墊，每個烤盤倒入1000g的①，以抹刀抹平。以小濾網均勻地篩撒上糖粉（分量外），打開旋風烤箱的排氣孔，以180℃烘烤約10分鐘。
③ 暫時放置在室溫下散熱。各自拿開烘焙墊之後切除邊緣，切成33×24cm的大小（**A**／剩下的達克瓦茲留著）。

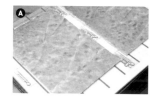

占度亞巧克力醬

前置準備：明膠片以冷水泡軟／牛奶巧克力和占度亞巧克力分別融化

① 將牛奶倒入鍋中，以火加熱煮沸。
② 將蛋黃和細砂糖放入缽盆中，以打蛋器研磨攪拌。
③ 將少量的①加入②之中，再倒回①的鍋子中（**A**）。以稍強的中火加熱，一邊用打蛋器攪拌，加熱至82℃為止離火。當顏色由泛白變成偏黃，並且如照片（**B**）所示冒出大氣泡時即可離火。
④ 加入已經泡軟的明膠片，以打蛋器攪拌溶勻。
⑤ 將已經融化的牛奶巧克力和占度亞巧克力倒入缽盆中，把④加進去。以打蛋器輕輕攪拌（**C**），然後改用手持式攪拌棒攪拌，使它充分乳化（**D**）。
⑥ 將缽盆的底部墊著冰水，以橡皮刮刀攪拌，冷卻至30℃為止。

葡萄柚慕斯

前置準備：明膠片以冷水泡軟／將葡萄柚皮磨碎

① 進行與占度亞巧克力醬的步驟①～④相同的作業。以網篩過濾之後移入缽盆中，底部墊著冰水，以橡皮刮刀攪拌，冷卻至30℃為止。

② 加入葡萄柚的濃縮果泥和磨碎的葡萄柚皮混合攪拌（**A**），底部墊著冰水，一邊攪拌，冷卻至25℃為止。

③ 將香緹鮮奶油放入另一個缽盆，加入②的同時，用打蛋器以往上舀起的方式攪拌（**B**）。

杏仁果仁糖芭芭露亞

前置準備：明膠片以冷水泡軟

① 製作杏仁果仁糖。將杏仁充分烘烤至不會釋出苦味的程度，靜置放涼。將細砂糖大略裹滿杏仁之後（**A**），移入Robot Coupe食物處理機中打碎至釋出少許油脂成分，變成有濕潤感的泥狀為止（**B**）。

② 加入糖粉，再次以食物處理機打碎至變成柔軟滑順的泥狀為止，杏仁果仁糖就完成了（**C**）。

③ 將鮮奶油A和牛奶倒入鍋中，進行與占度亞巧克力醬的步驟①～④相同的作業。

④ 將②放入缽盆，加入少量的③，以打蛋器攪拌。將剩餘的③取1/3的量加入，以打蛋器仔細攪拌，使它充分乳化（**D**）。將剩餘的③分成2次加入，每次加入時都要攪拌均勻。

⑤ 以手持式攪拌棒攪拌，使它充分乳化。將缽盆底部墊著冰水，一邊以橡皮刮刀攪拌，冷卻至25℃為止（**E**）。

⑥ 將鮮奶油B倒入另一個缽盆中打至8分發。將⑤加入其中，以打蛋器攪拌（**F**）。

POINT
→ 果仁糖不經焦糖化處理，做出不帶苦澀、像杏仁奶的味道，與葡萄柚的酸味和苦味搭配起來很對味，能完美調和。

組合‧最後潤飾

① 將保鮮膜拉緊，封住33×24cm、高4cm的方形框模底部，放在鐵盤上。放入糖煮紅葡萄柚果醬200g，以抹刀薄薄抹開（**A**）。有點不均勻也OK。放入急凍冷凍庫中冷凍（冷凍方法以下皆同）。

② 將2片葡萄柚達克瓦茲有烤色的那面朝下放在作業台上，分別放上葡萄柚帶皮果醬145g，以抹刀抹平（**B**）。予以冷凍。

③ 取1片②，將塗有帶皮果醬的那面朝上，放在作業台上，放上占度亞巧克力醬300g，抹平（**C**）。予以冷凍。

④ 將②的另一片依照③的相同作法放在作業台上，依照順序放上占度亞巧克力醬150g、焦糖杏仁、占度亞巧克力醬150g，每次放上去時都要抹平（**D**&**E**）。予以冷凍。

⑤ 在①的方形框模中放入葡萄柚慕斯，抹平（**F**）。將③的達克瓦茲那面朝上，疊在葡萄柚慕斯上面，用手掌按壓使之緊密貼合（**G**）。予以冷凍。

⑥ 將杏仁果仁糖芭芭露亞放入⑤的方形框模中（**H**），抹平。將④的達克瓦茲那面朝上，疊在杏仁果仁糖芭芭露亞上面，用手掌按壓使之緊密貼合。覆上保鮮膜之後予以冷凍。

⑦ 脫模之後翻面，拿掉保鮮膜，在果醬那面塗上透明鏡面果膠，然後分切成10×2.3cm的大小。放上紅醋栗，在紅醋栗上擠一點透明鏡面果膠黏住金箔。

POINT
→ 將占度亞巧克力醬塗在冷凍後的葡萄柚達克瓦茲上。因為在塗抹期間巧克力醬會變冷而凝固，所以即使不使用方形框模也不易流下來。

Paris S'éveille

~~~~~~

草莓的誘惑

草莓 × 巧克力

店主兼甜點師
金子美明先生

「水果不經烘烤，以新鮮水嫩的狀態做成塔」，金子美明先生用這樣的發想，創作出
閃耀著寶石光芒的「草莓的誘惑」。從有分量的糖煮草莓迸出草莓果泥的酸甜滋味，
在慕斯、巧克力甘納許、甜塔皮的收服之下，味道非常調和。
與一般的塔相較，這款設計得薄而扁平的塔，味道和口感都很纖細，吃完感覺清爽無負擔。
自家製作的糖煮草莓特有的水嫩多汁，讓人覺得彷彿在享用餐後甜點。

〔 **材料** 〕 使用模具：直徑7.5cm×高1.5cm的圓形圍模

▸甜塔皮
（20個份）

奶油…162g
糖粉…108g
杏仁粉…36g
全蛋…54g
低筋麵粉…270g

▸糖煮草莓
（10個份）

草莓（冷凍／BOIRON）…350g
細砂糖A…50g
果膠…3.5g
細砂糖B…50g
明膠片…5g

▸草莓巧克力慕斯
（32個份）

草莓果泥…110g
鮮奶油A（乳脂肪含量35%）…60g
奶油…15g
蛋黃…30g
細砂糖…30g
黑巧克力
（法芙娜「孟加里」／可可含量64%）…95g
牛奶巧克力
（法芙娜「吉瓦那牛奶」／可可含量40%）…57g
鮮奶油B（乳脂肪含量35%）…335g

▸草莓巧克力甘納許
（15個份）

鮮奶油（乳脂肪含量35%）…135g
TRIMOLINE（轉化糖）…36g
黑巧克力
（法芙娜「孟加里」／可可含量64%）…59g
奶油…225g
草莓白蘭地（Eau-de-Vie de Fraise）…17g

▸草莓香緹鮮奶油
（容易製作的分量）

鮮奶油（乳脂肪含量40%）…75g
草莓果泥…15g
糖粉…7g

▸組合・最後潤飾

透明鏡面果膠…適量
食用花卉…適量

①草莓香緹鮮奶油
②糖煮草莓
③草莓巧克力慕斯
④草莓巧克力甘納許
⑤甜塔皮

〔 **作法** 〕

甜塔皮
前置準備：全蛋恢復至室溫之後打散成蛋液

① 將奶油和糖粉放入攪拌盆中，用攪拌機以低速攪拌。全體攪拌均勻之後加入杏仁粉（Ⓐ），以低速攪拌。
② 將打散成蛋液的全蛋分成5～6次加入，每次加入時都要以低速攪拌，使它充分乳化（Ⓑ）。
③ 加入低筋麵粉，斷斷續續地攪拌至沒有粉粒為止。照片（Ⓒ）所示為結束攪拌的狀態。
④ 將③移入長方形淺盤中，以刮板推薄。覆上保鮮膜緊密貼合，用手壓平（Ⓓ）。在冷藏室中放置一個晚上。
⑤ 將④取出放在作業台上，用手稍微揉軟，整理成四角形。撒上少許手粉（分量外），每次將方向轉90度，讓麵團通過派皮壓麵機3次左右，延展成厚2.25mm的麵皮（Ⓔ）。
⑥ 以擀麵棍捲起麵皮（Ⓕ），放在烤盤上。放入冷藏室30分鐘左右，變成稍硬一點，容易操作的狀態。

［ 步驟⑦以後在次頁↘ ］

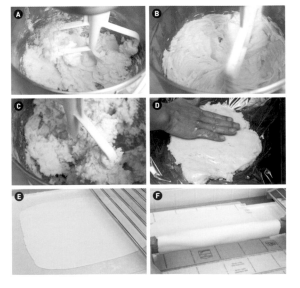

⑦ 以直徑8.5cm的圓形模具壓出形狀，排列在鋪著SILPAT烘焙墊的
　烤盤上（**G**）。以170℃的旋風烤箱烘烤10～12分鐘。暫時放在
　室溫下散熱（**H**）。

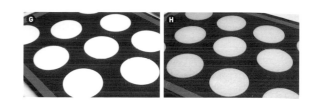

POINT
→ 加入水分（全蛋）之前先拌入杏仁粉，比較容易乳化。不過，攪拌過度
　的話會釋出油脂成分，所以要迅速攪拌。

→ 將全蛋一口氣大量地與奶油混合會產生分離現象。此外，如果蛋是冰冷
　的會不易攪拌，變得難以乳化；太過溫熱的話奶油又會融化，需要事先
　讓蛋恢復至室溫。

糖煮草莓
前置準備：將果膠和細砂糖B混合／明膠片以冷水泡軟

① 將草莓放入缽盆，撒滿細砂糖A。覆上保鮮膜，在冷藏室放置一
　個晚上。
② 將①連同缽盆浸泡在稍微煮沸的熱水中，隔水加熱1小時。待草
　莓充分釋出果汁，變得柔軟就OK了。照片（**A**）為隔水加熱之後
　的狀態。
③ 移入網篩中（**B**），不要壓碎草莓，放置一段時間，分成糖漿和
　果實。將果實對半縱切（**C**）。
④ 將③的糖漿倒入銅鍋中，以中火加熱。煮沸之後，一點一點地加
　入已經混合的果膠和細砂糖B，同時以打蛋器攪拌。加入完畢之
　後以橡皮刮刀攪拌約30秒（**D**）。
⑤ 加入③的果實。一邊以橡皮刮刀攪拌一邊繼續加熱，煮沸之後煮
　乾水分約1分鐘，然後關火。加入已經泡軟的明膠片（**E**），以橡
　皮刮刀攪拌溶勻。移入缽盆中。
⑥ 將保鮮膜鋪在直徑7.5cm×高1.5cm的圓形圈模底部，拉緊之後沿
　著圓形圈模外側的側面以橡皮圈固定。將這些圓形圈模排列在鐵
　盤上，各放入35g的⑤（果實則以各放入6塊為準）（**F**），再放
　入急速冷凍庫中冷卻凝固。

POINT
→ 草莓不另外加入水分，充分利用果肉和它的果汁，加工成糖煮草莓。
　「草莓的味道無論怎麼處理都容易不明顯。因此採用不會稀釋味道和顏
　色，比較直接的作法。」（金子先生）

草莓巧克力慕斯
前置準備：黑巧克力和牛奶巧克力加在一起，加熱到半融化的狀態／鮮奶油
B打至6分發

① 將草莓果泥、鮮奶油A、奶油放入銅鍋中開火加熱，一邊以橡皮
　刮刀攪拌，一邊加熱至沸騰（**A**）。
② 在進行①的作業時，同時將蛋黃和細砂糖放入缽盆中，以打蛋器
　輕輕研磨攪拌。
③ 將①的1/3量加入②中以打蛋器攪拌（**B**）。再倒回①的鍋中，以
　小火加熱，一邊以橡皮刮刀攪拌，煮至82～83℃為止（**C**）。
④ 將③以網篩過濾之後，加入已經加在一起、呈現半融化狀態的2種
　巧克力中（**D**），以打蛋器從中心往外側慢慢擴大攪拌（**E**）。
⑤ 將④移入有高度的容器中，以手持式攪拌棒攪拌（**F**）。充分乳
　化、出現光澤之後移入缽盆中。

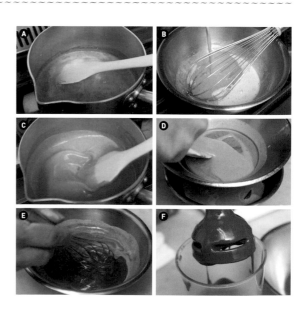

⑥ 將打至6分發的鮮奶油B取1/4的量加入⑤之中，以打蛋器攪拌均勻。再倒回裝有剩餘鮮奶油B的缽盆中，用打蛋器以舀起的方式攪拌。改用橡皮刮刀，攪拌至變成均勻的狀態。照片（**G**）為攪拌完成的狀態。

⑦ 將⑥填入裝有圓形擠花嘴的擠花袋中，在已經放入糖煮草莓的圓形圈模中各擠入20g，從外側往內側擠成漩渦狀（**H**）。連同圓形圈模在作業台上輕輕敲擊，把表面弄平，然後放入急速冷凍庫中冷卻凝固。

草莓巧克力甘納許

前置準備：黑巧克力加熱到半融化的狀態／奶油攪拌成髮蠟狀

① 將鮮奶油和轉化糖放入鍋子中開火加熱至沸騰。再加入半融化的黑巧克力之中（**A**），以打蛋器從中心往外側慢慢擴大攪拌，使之乳化。

② 將①移入有高度的容器中。以手持式攪拌棒攪拌至充分乳化、具有光澤的狀態。

③ 加入攪拌成髮蠟狀的奶油（**B**），以橡皮刮刀大略攪拌。改用手持式攪拌棒攪拌至充分乳化、具有光澤的狀態。

④ 加入草莓白蘭地，依照③以同樣的方式攪拌至充分乳化、具有光澤的狀態。移入缽盆中（**C**）。

⑤ 在已經放入糖煮草莓和草莓巧克力慕斯的圓形圈模中各放上20g的④，以抹刀抹平（**D**）。放入急速冷凍庫中冷卻凝固。

POINT

→ 草莓巧克力甘納許容易凝固，而且，過多的接觸會使其產生分離現象，所以放在圓形圈模的中央之後要迅速地往外側抹平。因為組合時要反轉過來，即使沒有抹平得很漂亮也OK。

→ 儘管要讓小蛋糕整體具備濃郁的口感，但是為了避免味道過重，這層巧克力甘納許要塗得極薄。

草莓香緹鮮奶油

① 將鮮奶油、草莓果泥、糖粉放入缽盆，打發至可以塑形成紡錘形的硬度（**A**）。照片（**B**）是打發完畢的狀態。

組合・最後潤飾

① 將甜塔皮有烤色的那面朝上，排列在已鋪有保鮮膜的長方形淺盤中，以噴式可可脂噴上可可脂（分量外）（**A**）。

② 將保鮮膜自糖煮草莓、慕斯和巧克力甘納許層層相疊的圓形圈模底部剝除（**B**），以抹刀將透明鏡面果膠薄薄地塗在糖煮草莓那面。用手讓圓形圈模的側面變得稍微溫熱，脫模之後放在①的上面（**C**）。

③ 以稍微加熱過的湯匙將草莓香緹鮮奶油塑形成紡錘形，放在②的上面。最後以食用花卉點綴（**D**）。

Pâtisserie

LA VIE DOUCE

~~~~~~

夏翠絲

</div>

藥草酒 × 覆盆子

店主兼甜點師
堀江 新先生

「將A+B=C的味道表現出來的是法式甜點。」堀江新先生說道。利用藥草酒（蕁麻酒Chartreuse）和
覆盆子這2種素材，以藥草酒的爽快感搭配莓果的酸味，
打造出新的風味。藥草酒做成慕斯，覆盆子則做成凝凍，分別強調各自的素材感。
此外，為了讓味道更加醇厚，添加了牛奶巧克力甘納許作為提味之用。
大量運用由春天的原野和蕁麻酒帶來的綠色印象，這樣的設計也呈現出清爽的感覺。

〔 材料 〕 使用模具：直徑7cm、高4.5cm的圓柱形模具

▸ 杏仁蛋糕
（容易製作的分量・60×40cm的烤盤1盤份）

蛋白…385g
細砂糖…110g
杏仁粉…235g
糖粉…235g
中筋麵粉…50g

▸ 布列塔尼酥餅
（約100個份）

發酵奶油…450g
糖粉…252g
加糖蛋黃（加入20%的糖）…108g
蘭姆酒（BARDINET「RHUM NEGRITA
44°」）…54g
海鹽（GRANDE產）…4.5g
香草精…1.5g
香草莢醬…1.5g
低筋麵粉…450g
泡打粉…4.5g

▸ 覆盆子凝凍（中央用）
（約20個份）

覆盆子果泥…428g
細砂糖…77g
澱粉（馬鈴薯澱粉）…18g
明膠片…4g

▸ 覆盆子凝凍（裝飾用）
（約20個份）

覆盆子果泥…188g
細砂糖…34g
澱粉（馬鈴薯澱粉）…8g
明膠片…1.7g

▸ 巧克力甘納許
（約20個份）

鮮奶油（乳脂肪含量35%）…143g
牛奶巧克力
（法芙娜「JIVARA LACTEE」／可可含量40%）…88g

▸ 蕁麻酒慕斯
（約20個份）

牛奶…455g
細砂糖…82g
加糖蛋黃（加入20%的糖）…126g
明膠片…13g
蕁麻酒（綠）…82g
鮮奶油（乳脂肪含量35%）…391g

▸ 巧克力鏡面淋醬
（約20個份）

巧克力鏡面淋醬（白）…300g
沙拉油…30g
烘烤過的杏仁角…50g

▸ 組合・最後潤飾

香緹鮮奶油（P.170）…適量
噴槍用巧克力（綠）…適量
綜合鏡面果膠（P.170）…適量
覆盆子…適量
透明鏡面果膠…適量
裝飾用白巧克力（圓形）…適量

① 香緹鮮奶油
② 覆盆子
③ 覆盆子凝凍
④ 杏仁蛋糕
⑤ 蕁麻酒慕斯
⑥ 巧克力甘納許
⑦ 布列塔尼酥餅

〔 作法 〕

杏仁蛋糕

前置準備：將杏仁粉、糖粉、中筋麵粉混合過篩

① 將蛋白和細砂糖放入攪拌盆中，用攪拌機以中速攪拌。打發至某個程度之後切換成高速，充分打發至出現光澤、舀起時呈現尖角挺立的狀態為止。

② 將其餘的材料全部放入鉢盆中，用手仔細搓揉混合。

③ 將②分成數次加入①之中，每次加入時以橡皮刮刀混合攪拌。然後將麵糊1000g倒入鋪有烘焙紙的60×40cm的烤盤中，以抹刀抹平。以200℃的旋風烤箱烘烤約15分鐘，然後暫時靜置於室溫下散熱。照片（Ⓐ）為烘烤完畢的狀態。剝除烘焙紙，分切成3.5cm的方形。

Ⓐ

布列塔尼酥餅

前置準備：發酵奶油以微波爐稍微加熱變軟／加糖蛋黃若是冰冷的，需隔水加熱至20℃左右／低筋麵粉和泡打粉混合過篩

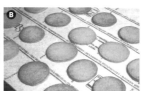

① 將已變軟的發酵奶油放入攪拌盆中，以攪拌機攪拌成髮蠟狀。加入糖粉和加糖蛋黃混合攪拌，再加入蘭姆酒，充分攪拌至乳化為止。

② 加入海鹽、香草精、香草莢醬混合攪拌，再加入已經混合過篩的低筋麵粉和泡打粉，攪拌至均勻的狀態。攏整成一團之後移至鐵盤中，迅速整平。覆上保鮮膜緊密貼合，在冷藏室中放置一個晚上。

③ 將手粉（分量外）撒在②的上面，放在作業台上輕輕搓揉。放入冷藏室稍微靜置。

④ 以派皮壓麵機延展成3mm的厚度，放在鋪有烘焙紙的烤盤中，再放入冷藏室醒麵。

⑤ 以壓模壓出直徑5cm的圓形，排列在鋪有烘焙紙的烤盤中（🅐）。以150℃的旋風烤箱烘烤15～20分鐘，然後暫時靜置於室溫下散熱（🅑）。

POINT
→ 將材料混合之後在冷藏室中放置一個晚上的麵團，成形之前要搓揉。揉麵可使麵團的氣孔變得細密。

覆盆子凝凍（中央用）

前置準備：將細砂糖和澱粉混合在一起／明膠片以冷水泡軟

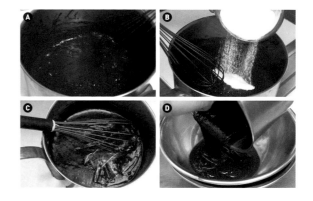

① 將覆盆子果泥倒入鍋中開火加熱，一邊以打蛋器攪拌，一邊煮沸（🅐）。

② 將①移離爐火，加入已混合的細砂糖和澱粉攪拌（🅑）。

③ 再次開火加熱，一邊以打蛋器攪拌一邊以中火熬煮。

④ 將③移離爐火，加入已泡軟的明膠片攪拌溶勻（🅒）。移入缽盆中（🅓），將缽盆的底部墊著冰水，同時以打蛋器攪拌，使之冷卻。

POINT
→ 將材料混合之後再煮是因為「失去黏度之後要再稍微煮一下」（堀江先生）。如果煮得不夠，稍後會產生離水現象。

→ 完成時要泡冰水冷卻，但是冷卻過度會發生離水現象，請留意。

覆盆子凝凍（裝飾用）

前置準備：將細砂糖和澱粉混合／明膠片以冷水泡軟

① 依照覆盆子凝凍（中央用）的步驟①～④，以同樣的作法製作。

② 將①裝入擠花袋中，均等地擠入口徑38mm、高29㎜的矽膠烤模中。放入急速冷凍庫中冷卻凝固。照片（🅐）為冷卻凝固後的狀態。

巧克力甘納許

① 將鮮奶油倒入鍋中，加熱至快要沸騰（約90℃）為止。

② 將牛奶巧克力放入缽盆中，再倒入①（🅐）。這個時候要在鍋中留下少量的①。稍微靜置，然後以打蛋器攪拌，使之乳化。

③ 將②分成數次（以4次左右為準）倒回①的鍋中，每次倒入都要以打蛋器攪拌均勻使之乳化（🅑）。移入缽盆中，暫時靜置於室溫下散熱。

蕁麻酒慕斯

① 將牛奶倒入鍋中，開火加熱至快要沸騰（約90℃）為止。
② 將細砂糖和加糖蛋黃放入缽盆中，以打蛋器研磨攪拌。加入①的
　1/3量攪拌均勻（**A**），接著加入剩餘的①攪拌。加入已泡軟的
　明膠片（**B**），攪拌溶勻。
③ 將②隔水加熱（保持熱水稍微沸騰的狀態），一邊以橡皮刮刀攪
　拌，一邊加熱至82～84℃為止。
④ 將③的缽盆底部墊著冰水，以橡皮刮刀攪拌。冷卻後加入蕁麻酒
　（**C**），底部墊著冰水，一邊以橡皮刮刀攪拌，一邊冷卻至16℃
　為止。
⑤ 將鮮奶油倒入另一個缽盆，打至7分發，將④加入，以橡皮刮刀混
　合攪拌（**D**）。

POINT
→ 為了避免蕁麻酒的香氣散失，先將蛋奶醬煮過，散熱之後再加入。

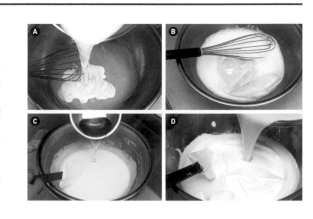

巧克力鏡面淋醬

① 將巧克力鏡面淋醬放入缽盆中，隔水加熱融化，之後直接依序加
　入沙拉油和烘烤過的杏仁角（**A**），每次加入時都要以橡皮刮刀
　攪拌。照片（**B**）是攪拌完畢的狀態。

組合・最後潤飾

前置準備：將綜合鏡面果膠加熱

① 將口徑51mm、高29mm的矽膠烤模放在鐵盤中，再將杏仁蛋糕有烤
　色的那面朝下，各放1片在烤模中。
② 將覆盆子凝凍（中央用）填入裝有圓形擠花嘴的擠花袋中，從①
　的上方各擠出25g（**A**）。連同鐵盤輕輕敲撞作業台，將表面大
　略弄平整。
③ 將杏仁蛋糕有烤色的那面朝下，各放1片在②之中，以手指輕輕
　按壓，使之緊密貼合（**B**）。放入急速冷凍庫中冷卻凝固。
④ 將巧克力甘納許填入擠花袋中，從③的上方各擠出10g（**C**）。
　放入急速冷凍庫中冷卻凝固。
⑤ 鐵盤鋪上烘焙紙，再將布列塔尼酥餅排列在上面。將香緹鮮奶油
　填入擠花袋中，分別在酥餅的中央擠出少量（黏合用）。
⑥ 將④的巧克力甘納許那面朝下放在⑤的上面，輕輕以手按壓黏合
　（**D**）。
⑦ 將蕁麻酒慕斯填入裝有圓形擠花嘴的擠花袋中，擠入直徑7cm、高
　4.5cm的圓柱形模具中，至一半左右的高度（**E**）。
⑧ 將⑥上下反轉，放入⑦之中（**F**），用手指按壓，直到沉入模具
　的高度為止。這個時候，一邊水平轉動⑥一邊放入的話，空氣就
　不易進入。以抹刀抹除多餘的慕斯，將表面抹平（**G**）。放入急
　速冷凍庫中冷卻凝固。
⑨ 將⑧脫模，以巧克力噴槍在表面噴上已經染成綠色的白巧克力
　（**H**）。放入急速冷凍庫中冷卻凝固。
⑩ 以叉子插入⑨的上面中央，拿起來，將下半部浸入隔水加熱過後
　的巧克力鏡面淋醬中（**I**）。連同叉子提起來，以缽盆的邊緣等
　拭除多餘的巧克力鏡面淋醬。
⑪ 將覆盆子凝凍（裝飾用）放在叉子上，浸入綜合鏡面果膠中。將
　這個放在⑩的上面中央。
⑫ 將香緹鮮奶油填入裝有星形擠花嘴的擠花袋中，在⑪上面的凝凍
　周圍擠出1圈，然後在接縫處擠出小小的圓形（**J**）。將覆盆子顛
　倒放上去，再以圓錐形擠花袋將透明鏡面果膠像水滴一樣擠入覆
　盆子的凹洞中。最後以圓形的白巧克力裝飾。

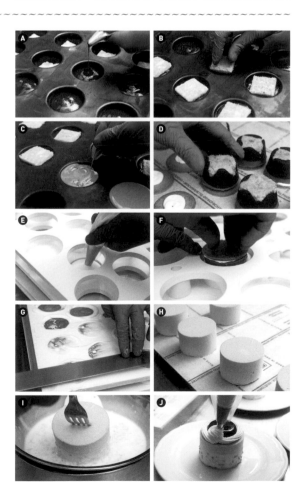

pâtisserie
Sadaharu AOKI paris

~~~~~~

象牙海岸

百香果 × 堅果 × 白巧克力

店主兼甜點師
青木定治先生

這款甜點的創作概念，是一旦入口便難忘的獨特滋味，讓人情不自禁想在度假勝地好好享用。百香果凝乳、
白巧克力鮮奶油與椰香蛋糕，這樣簡單的組合卻能完美突顯素材本身的魅力，產生絕妙滋味。
百香果的清爽酸味與椰子粉烘烤過後的香氣接連撲鼻而來，
再用味道醇厚的白巧克力將兩者整合包覆。青木定治先生的甜點創作建立在「素材的基礎」上。
他表示：「以素材為主軸開始發想，以簡單為原則，製作出來的甜點才不會破壞素材本身的美味。」

註：P20～23介紹的甜點為日文版出版時（2017.8）所刊載的食譜。

〔 材料 〕 使用模具：58×38cm、高3cm的方形框模（1模約57個份）

▸椰香蛋糕
（58×38cm的方形框模1模份·約57個份）

椰子粉…350g
低筋麵粉…200g
泡打粉…12g
細砂糖…285g
全蛋…350g
牛奶…350g
TRIMOLINE（轉化糖）…225g
清澄奶油…300g

▸百香果凝乳
（約57個份）

百香果果泥…1154g
細砂糖…288g
全蛋…433g
蛋黃…346g
明膠粉…17.7g
水…106.3g
奶油…433g

▸象牙白巧克力鮮奶油
（約57個份）

鮮奶油A（乳脂肪含量40%）…243g
牛奶…243g
蛋黃…97g
明膠粉…12g
水…72g
白巧克力（DOMORI「bianco」）…973g
鮮奶油B（乳脂肪含量40%）…876g

▸組合·最後潤飾
噴槍用巧克力（P.170）…適量
裝飾用白巧克力（P.170）…適量

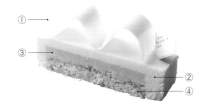

①白巧克力
②象牙白巧克力鮮奶油
③百香果凝乳
④椰香蛋糕

~~~~~~

〔 作法 〕

椰香蛋糕

前置準備：低筋麵粉和泡打粉恢復至室溫後，混合過篩／椰子粉、細砂糖、
　　　　　　牛奶、清澄奶油分別恢復至室溫／全蛋恢復至室溫之後打散成蛋
　　　　　　液／轉化糖稍微加熱使之變軟

① 在58×38cm的方形框模內側塗抹沙拉油（分量外），然後放在鋪
　 有烘焙紙、60×40cm的烤盤上（Ⓐ）。
② 將椰子粉鋪勻在鋪了烘焙紙的烤盤上，以烤箱烘烤至上色而且散
　 發出香味。放在室溫下散熱。照片（Ⓑ）是烘烤過後的狀態。
③ 將②、已混合過篩的低筋麵粉和泡打粉、細砂糖放入缽盆中，以
　 打蛋器攪拌均勻（Ⓒ）。
④ 將全蛋、牛奶、已經軟化的轉化糖加入③之中，一邊注意避免攪
　 拌出筋，一邊用打蛋器從中心往外側以畫圓的方式和緩地輕輕攪
　 拌（Ⓓ）。
⑤ 將清澄奶油加入④之中，以打蛋器攪拌均勻（Ⓔ），至麵糊充分
　 結合為止。為了避免發生分離現象，攪拌完畢時的溫度以30℃為
　 準。
⑥ 將⑤倒入①的方形框模中鋪平（Ⓕ）。為了不讓方形框模偏離烤
　 盤，先用手指壓住方形框模，再用雙手拿起烤盤。將烤盤依照後
　 方、左方、前方、右方的順序傾斜（像是以方形框模內的麵糊畫
　 圓的感覺），將這個動作進行2次，讓麵糊均勻地鋪滿方形框模的
　 每個角落，整平（Ⓖ）。
⑦ 放入旋風烤箱，以160℃烘烤約20分鐘，將中間也充分烤熟。之
　 後暫放於室溫下散熱。
⑧ 將小刀子插入方形框模和蛋糕體之間，剝離方形框模（Ⓗ）。剝
　 除烘焙紙，冷凍起來。

POINT
→ 椰子粉在充分烘烤過後，可以提升口感和風味。

百香果凝乳

前置準備：明膠粉混合指定分量的水泡脹／奶油攪拌成髮蠟狀之後調整成
　　　　　20℃

① 將百香果泥放入鍋中，以大火加熱。加入半量的細砂糖，一邊
　以打蛋器攪拌一邊煮沸（**A**）。
② 在進行①的作業時，同時將全蛋和蛋黃放入缽盆中，加入剩餘的
　細砂糖，以打蛋器研磨攪拌（**B**）。
③ 將①的半量加入②之中攪拌，再倒回①的鍋中。以中火加熱，
　一邊用打蛋器攪拌一邊加熱（**C**）。蛋的分量多，很容易煮焦，
　所以打蛋器要貼近至鍋底的邊角充分攪拌。
④ 待浮至表面的小氣泡消失、中央咕嚕咕嚕地冒出大氣泡時關火，
　一邊攪拌一邊調整至82℃（**D**）。以木鏟舀起，用手指劃出紋路
　會留下痕跡的硬度即可。
⑤ 將已經泡脹的明膠粉以微波爐加熱溶化，加入④之中，以打蛋器
　混合攪拌。
⑥ 用網篩過濾，移入缽盆中（**E**），底部墊著冰水，一邊攪拌一邊
　冷卻至32～33℃為止。
⑦ 加入已經調整成20℃的奶油，再以手持式攪拌棒攪拌使之乳化
　（**F**）。

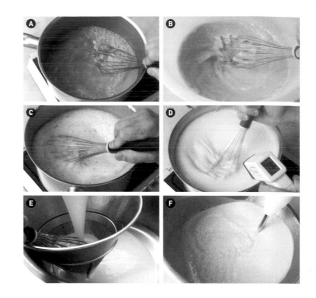

象牙白巧克力鮮奶油

前置準備：明膠粉混合指定分量的水泡脹／鮮奶油B打至7分發

① 將鮮奶油A和牛奶放入鍋中，開火加熱煮沸。
② 將蛋黃放入缽盆中打散，加入①的半量，以打蛋器攪拌（**A**），
　再倒回①的鍋中（**B**）。以中火加熱，一邊用打蛋器攪拌一邊加
　熱至85℃為止，移離爐火。
③ 將已經泡脹的明膠粉以微波爐加熱溶化，加入②之中，以打蛋器
　混合攪拌。
④ 將白巧克力的半量加熱融化。將其與剩餘還未融化的白巧克力放
　入缽盆中，然後將③用網篩過濾，加入缽盆中（**C**）。
⑤ 以打蛋器慢慢攪拌，讓整體與白巧克力充分拌勻，然後暫時靜
　置。待巧克力完全融化，沒有結塊時，以打蛋器充分攪拌使之乳
　化（**D**）。
⑥ 將⑤調整成38～39℃，加入打至7分發的鮮奶油B（**E**），以打
　蛋器輕柔地混合攪拌。攪拌至某個程度時移入另一個缽盆中，以
　橡皮刮刀攪拌至均勻。攪拌至如照片（**F**）所示，舀起時呈濃稠
　狀但會流下來的程度就完成了。

POINT
→ 混合材料時要特別注意溫度，好好地讓其乳化。即使只有少許的分離現
　象，口感也會變差。

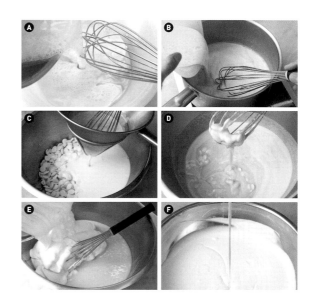

組合‧最後潤飾

① 將椰香蛋糕有烤色的那面朝上,放在鋪有烘焙紙、60×40cm的烤盤中,套上58×38cm、高3cm的方形框模。

② 將百香果凝乳倒入①中(**A**)。為了不讓方形框模偏離烤盤,一邊用手指壓住方形框模一邊用雙手拿起烤盤,使烤盤傾斜,讓百香果凝乳均勻鋪滿每個角落,然後搖晃方形框模,整平。放入急速冷凍庫中冷卻凝固。

③ 將小刀子插入方形框模和蛋糕體之間,剝離方形框模。用乳酪刀分切成58×9cm的帶狀4條(**B**)。分別以小刀子稍微往內側傾斜劃過切面(切入蛋糕體那側),將切面修整乾淨(**C**)。

④ 將烘焙紙鋪在60×40cm的烤盤上,放上58×38cm、高3cm的方形框模,再將已分切的③取3條(剩餘的1條留著)平行排列於其中(**D**)。這個時候,兩邊各離方形框模2.5cm,蛋糕體之間各相隔3cm。放入急速冷凍庫中冷卻凝固。

⑤ 將象牙白巧克力鮮奶油倒入④之中,直到方形框模的邊緣都倒滿為止(**E**),以刮板大略弄平表面。剩餘的象牙白巧克力鮮奶油會在步驟⑦中使用,所以先放在室溫中備用。

⑥ 以板子(或是大的直尺等)滑過⑤的表面,刮下多餘的象牙白巧克力鮮奶油,整平(**F**)。放入急速冷凍庫中冷卻凝固。

⑦ 冷卻凝固之後表面會沉下去,所以要再將剩餘的象牙白巧克力鮮奶油倒在上面,以板子(同上)整平表面。放入急速冷凍庫中冷卻凝固。

⑧ 以瓦斯噴槍烘一下方形框模之後,取出蛋糕(**G**)。用乳酪刀分切成58×12cm的帶狀3條,再以小刀子修平側面(**H**)。

⑨ 以巧克力噴槍在上面和側面噴上白巧克力(**I**)。

⑩ 分切成12×3cm的大小(**J**),然後放上裝飾用白巧克力。

POINT

→ 以1個方形框模製作的這種作法,不需要使用大小不同的多個模具,就可以同時做出許多成品,而且具有不易產生邊角剩料,損耗很少的優點。「才剛開店,調理器具還不太齊全的時候,我思索著,使用方形框模除了層層相疊之外是否還有其他有趣的組合方法,我想到的就是這個作法。」(青木先生)

AU BON VIEUX TEMPS

紅寶石

葛里歐特櫻桃 × 馬斯卡波涅乳酪 × 巴薩米克醋

店主兼甜點師
河田勝彦先生・**河田薰**先生

「紅寶石」這道甜點的法文名稱為「Bijou Rouge」，以櫻桃的形象構思而成，
是河田勝彦先生的長子，薰先生的作品。閃耀著光澤的紅色球體，入口時葛里歐特櫻桃的慕斯和醬汁
擴散開來，強勁的果實味和酸味留下鮮明的餘味。搭配葛里歐特櫻桃的巴薩米克醋作為提味之用。
應用在法國學到的甜點技藝和創意等現代感的設計，
底座則是道地的克拉芙緹。「父親勝彦紮根傳統的甜點製作法，將由我繼續傳承下去。」（薰先生）

〔 材料 〕 使用模具：長徑10cm、短徑4.5cm的船形模具

▸糖煮葛里歐特櫻桃
（容易製作的分量‧1個使用3顆）

水…適量
細砂糖…適量
葛里歐特櫻桃（冷凍）…適量

▸馬斯卡波涅乳酪奶油醬
（容易製作的分量）

馬斯卡波涅乳酪…60g
鮮奶油A（乳脂肪含量47%）…175g
鮮奶油B（乳脂肪含量47%）…50g
細砂糖…23g
香草莢…1/2根
明膠片…3/4片

▸克拉芙緹
（20個份）

低筋麵粉…37g
杏仁糖粉（P.170）…60g
鹽…適量
全蛋…1個
蛋黃…7g
牛奶…50g
鮮奶油（乳脂肪含量47%）…166g
奶油…5g

▸巴薩米克醋葛里歐特櫻桃醬汁
（容易製作的分量）

葛里歐特櫻桃果泥…100g
巴薩米克醋…100g

▸巴薩米克醋風味葛里歐特櫻桃慕斯
（約23個份）

葛里歐特櫻桃果泥…300g
細砂糖…76g
明膠片…18g
巴薩米克醋葛里歐特櫻桃醬汁A…由左記取20g
鮮奶油（乳脂肪含量47%）…162g
巴薩米克醋葛里歐特櫻桃醬汁B…由左記取20g

▸巧克力醬（披覆用）
（容易製作的分量）

白巧克力…300g
可可脂…300g
色素（紅）…適量

▸葛里歐特櫻桃凝凍（披覆用）
（容易製作的分量）

糖煮葛里歐特櫻桃的糖漿…由左記取100g
水…60g
細砂糖…20g
洋菜…4g

▸組合‧最後潤飾

杏仁甜塔皮（P.171）…適量
糖煮葛里歐特櫻桃…由左記取適量
櫻桃酒…適量
紅醋栗凝凍（P.171）…適量
裝飾用巧克力（棒形／P.171）…適量
金箔…適量

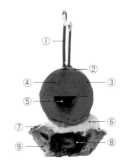

① 金箔、巧克力
② 葛里歐特櫻桃凝凍
③ 巧克力醬（披覆用）
④ 巴薩米克醋風味葛里歐特櫻桃慕斯
⑤ 巴薩米克醋葛里歐特櫻桃醬汁
⑥ 馬斯卡波涅乳酪奶油醬
⑦ 紅醋栗凝凍
⑧ 糖煮葛里歐特櫻桃、克拉芙緹
⑨ 杏仁甜塔皮

〔 材料 〕

糖煮葛里歐特櫻桃

① 將水和細砂糖放入鍋中開火加熱，煮乾水分至糖度變成波美20度。
② 葛里歐特櫻桃解凍之後，在①中浸泡一個晚上備用。
③ 將果實和糖漿分開，再將糖漿與細砂糖一起放入鍋中開火加熱。沸騰後離火，將果實倒回鍋中放置一個晚上。將這道程序重複進行4～5次，直到糖度變成波美55度。在組合‧最後潤飾的步驟中要使用果實的時候，取出果實放在布巾上吸乾汁液（Ⓐ）。

馬斯卡波涅乳酪奶油醬

前置準備：明膠片以冷水泡軟

① 將馬斯卡波涅乳酪放入缽盆中，加入鮮奶油A的1/4量，以打蛋器混合攪拌以免形成結塊（**A**）。拌勻後加入剩餘的鮮奶油A，以同樣的方式混合攪拌。

② 將鮮奶油B、細砂糖、香草莢放入銅鍋中，開火加熱。沸騰後關火。

③ 將已經泡軟的明膠片加入②之中（**B**），以打蛋器攪拌溶勻，取出香草莢的豆莢。

④ 一邊將③加入①中，一邊以打蛋器攪拌（**C**）。照片（**D**）為攪拌完畢的狀態。覆上保鮮膜緊密貼合，在冷藏室中放置一個晚上。

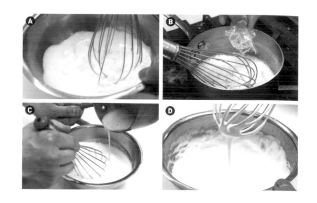

克拉芙緹

前置準備：將杏仁糖粉過篩／將奶油融化（趁熱使用）

① 將低筋麵粉、杏仁糖粉、鹽放入缽盆中（**A**），以打蛋器攪拌均勻。

② 將全蛋、蛋黃和牛奶放入另一個缽盆中，以打蛋器打散，攪拌均勻。加入鮮奶油攪拌。

③ 將②的1/3量加入①中，以打蛋器攪拌（**B**）。加入剩餘的②攪拌。

④ 取③的1/5量倒入另一個缽盆中，再將已融化的熱奶油一點一點地加入，同時以打蛋器攪拌（**C**）。照片（**D**）為攪拌完畢的狀態。覆上保鮮膜，在冷藏室中放置一個晚上。

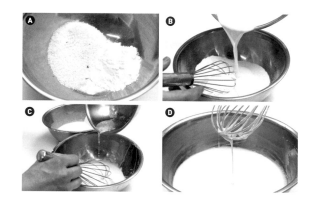

巴薩米克醋葛里歐特櫻桃醬汁

① 將葛里歐特櫻桃果泥和半量的巴薩米克醋放入鍋中混合攪拌。開火加熱，煮乾水分至剩下約100g。

② 離火，加入剩餘的巴薩米克醋攪拌。

巴薩米克醋風味葛里歐特櫻桃慕斯

前置準備：明膠片以冷水泡軟／鮮奶油打至5分發

① 將葛里歐特櫻桃果泥和細砂糖放入銅鍋中，開火加熱。沸騰後離火，加入已經泡軟的明膠片，攪拌溶勻。移入缽盆，覆上保鮮膜緊密貼合，底部墊著冰水冷卻至變得濃稠為止（**A**）。

② 將巴薩米克醋葛里歐特櫻桃醬汁A加入①中，以打蛋器攪拌，接著加入打至5分發的鮮奶油，攪拌均勻（**B**）。

③ 將②倒入麵糊分配器中，再均勻地注入直徑3cm的半球形矽膠烤模至8分滿的高度。放入急速冷凍庫中冷卻凝固。

④ 將③的半數以湯匙等挖掉少許中央的部分（**C**），然後注入巴薩米克醋葛里歐特櫻桃醬汁B（**D**）。

⑤ 將其餘的③（中央未挖掉的慕斯半球）蓋在④的上面（**E**），然後將牙籤從正上方插入，一直達到下側慕斯半球的正中央附近（**F**）。放入急速冷凍庫中冷卻凝固。

巧克力醬（披覆用）

① 將白巧克力和可可脂加在一起融化，加入色素後以手持式攪拌棒攪拌（Ⓐ）。調整成約40℃。

② 將已經做成球狀的巴薩米克醋風味葛里歐特櫻桃慕斯，拿著牙籤浸入①之中（不過，牙籤的周圍不要浸入。披覆用的葛里歐特櫻桃凝凍的步驟②也一樣）。拿著牙籤，拿起慕斯球，輕輕搖動使多餘的①滴落（Ⓑ）。凝固之後，立著放在長方形淺盤上，放入急速冷凍庫中保存。

POINT

→ 牙籤周圍如果沾附了巧克力噴槍使用的巧克力，稍後會無法拔出牙籤，請留意。

葛里歐特櫻桃凝凍（披覆用）

前置準備：將細砂糖和洋菜混合

① 將全部材料放入銅鍋，以打蛋器攪拌（Ⓐ），然後開火加熱，一邊攪拌一邊煮沸（Ⓑ）。離火，冷卻至約50℃為止。

② 將已披覆巧克力醬的巴薩米克醋風味葛里歐特櫻桃慕斯，拿著牙籤浸入①中（Ⓒ）。拿著牙籤，拿起慕斯球，使多餘的①滴落。立著放在托盤上（Ⓓ），暫時靜置於室溫下凝固。

POINT

→ 不使用明膠，而改用洋菜，可提升透明感和保形性。

→ 巧克力醬還未完全凝固時就裹上凝凍的話，會一下子就剝落下來，此外，凝凍的溫度只要稍微高一點，巧克力也會融化，請留意。

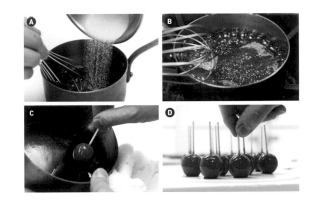

組合・最後潤飾

① 將杏仁甜塔皮擀成2mm的厚度，鋪進長徑10cm、短徑4.5cm的船形模具中，排列在烤盤上（Ⓐ）。

② 將糖煮葛里歐特櫻桃放在布巾上吸乾汁液，各放入3顆在①中（Ⓑ）。用湯匙將克拉芙緹攪拌成均勻的狀態，舀入模具中直到8分滿的高度（Ⓒ）。

③ 將②以上火、下火皆為175℃的層次烤爐烘烤20～30分鐘。烘烤完成之後立刻用刷子塗上櫻桃酒（Ⓓ），暫時靜置在室溫下散熱。

④ 將③脫模，再將紅醋栗凝凍裝入圓錐形擠花袋中，沿著杏仁甜塔皮的邊緣擠1圈（Ⓔ）。

⑤ 將馬斯卡波涅乳酪奶油醬以打蛋器打發至如照片（Ⓕ）所示，立起濃稠又柔軟的尖角的狀態，然後填入裝有口徑7mm圓形擠花嘴的擠花袋中。在④的上面從外側朝中心擠出10個水滴形（Ⓖ）。

⑥ 將已裹上巧克力醬和凝凍的巴薩米克醋風味葛里歐特櫻桃慕斯，取3個並排在⑤的上面，轉動牙籤把它拔掉。將棒形巧克力插入牙籤留下的孔洞中（Ⓗ），頂端再附加金箔。

Lilien Berg

~~~~~~

熱帶風情

優格 × 杏桃 × 柑橘類

店主兼甜點師
橫溝春雄先生

頂端有一隻青蛙睜著圓眼仰望的「熱帶風情」，是將優格慕斯和杏桃果凍以清見蜜柑和血橙的果凍
包覆起來的小蛋糕。使用自家搾取的果汁和自製的糖煮杏桃製作而成的果凍，
其新鮮水嫩的果實感與優格清爽的酸味摻雜在一起，令人忘卻夏季暑氣。
「使用當令的新鮮素材，簡單地運用它的風味，盡量提供新鮮現做的甜點是我們這家店
固有的特色。」橫溝春雄先生說道。讓品嘗的人展露笑容的可愛設計也是唯有橫溝先生才能做到的表現。

〔 **材料** 〕 使用模具：口徑5.5cm、高5cm的炸彈形模具

▸油酥塔皮
（容易製作的分量）

奶油…170g
酥油…30g
細砂糖…100g
全蛋…1/2個（約30g）
香草精…少量
低筋麵粉…300g
泡打粉…3g
白巧克力…適量

▸柳橙果凍
（30個份）

清見蜜柑汁*…600g
血橙汁*…240g
細砂糖…100g
明膠顆粒（新田明膠「NEW SILVER」）…24g
乾琴酒…12g

＊在自家店裡搾取的果實汁液

▸杏桃果凍
（40個份）

糖煮杏桃（P.171）…440g
水…275g
明膠顆粒（新田明膠「NEW SILVER」）…16g

▸優格慕斯
（44個份）

奶油乳酪…160g
細砂糖…100g
檸檬汁*…40g
蜂蜜（蜜柑）…100g
優格
（小岩井乳業「小岩井生乳100%優格」）…600g
明膠顆粒（新田明膠「NEW SILVER」）…32g
水…190g
鮮奶油（乳脂肪含量42%）…600g

＊在自家店裡搾取的果實汁液

▸傑諾瓦士蛋糕
（容易製作的分量·直徑18cm、高6cm的可卸式圓形模具2模份）

蛋白…5個份（約195g）
細砂糖…160g
蛋黃…5個份（約95g）
低筋麵粉…160g
鮮奶油（乳脂肪含量47%）…80g

▸組合·最後潤飾

杏桃果醬…適量
糖粉…適量
杏仁膏（蛙形／P.171）…適量

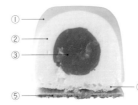

① 柳橙果凍
② 優格慕斯
③ 杏桃果凍
④ 傑諾瓦士蛋糕
⑤ 油酥塔皮

〔 **作法** 〕

油酥塔皮

前置準備： 使奶油變軟／全蛋打散成蛋液／低筋麵粉和泡打粉混合過篩／融化白巧克力

① 將變軟的奶油、酥油、細砂糖放入攪拌盆中，用攪拌機以中速攪拌。

② 將打散成蛋液的全蛋分成數次加入攪拌，接著加入香草精攪拌。加入已經混合過篩的低筋麵粉和泡打粉，斷斷續續地攪拌，混合在一起。在冷藏室中放置30分鐘～1小時。

③ 將②擀成2mm的厚度，然後以直徑5.5cm的圓形壓模和4.5cm×2cm的葉形壓模壓出形狀。排列在鋪有SILPAT烘焙墊的烤盤中，以160℃的旋風烤箱烘烤15～18分鐘。暫時靜置在室溫下散熱。

④ 將已經融化的白巧克力薄薄地塗在圓形的③的上面、葉形的③的底面，就這樣放置在室溫下直到凝固。照片（Ⓐ）為塗過白巧克力之後的狀態。

Ⓐ

柳橙果凍

① 將清見蜜橘汁和血橙汁倒入鍋子中，開火加熱至72℃為止。

② 依序將細砂糖和明膠顆粒加入①中，每次加入時都以打蛋器攪拌溶勻。加入乾琴酒攪拌。移入缽盆中，底部墊著冰水冷卻至快要開始凝固前。

③ 將②倒入口徑5.5cm、高5cm的炸彈形模具中直到7分滿的高度（Ⓐ）。以1個33g為準。

④ 將口徑5.1cm、高4.6cm的炸彈形模具（以下，裡面的模具）套入③之中（Ⓑ），用手指抹掉溢出來的多餘果凍液（Ⓒ）。

⑤ 將適量冰水倒入裡面的模具中（Ⓓ），然後放進冷藏室中冷卻凝固。冰水是用來代替重石，防止裡面的模具浮起來。

⑥ 倒掉裡面的模具中的冰水之後，注入50～60℃的熱水，滿到模具邊緣為止，然後立刻倒掉（Ⓔ）。放置一下子，試著碰觸裡面的模具，如果已經輕輕晃動的話，就取出裡面的模具（Ⓕ）。放進冷藏室冷卻凝固。

POINT
→ 重疊的時候，使用會形成小空隙、2種不同尺寸的炸彈形模具，製作出薄薄一層果凍。

→ 套入裡面的模具時，預先倒入分量會稍微溢出的果凍液，模具的內側全體就會適當地覆滿果凍。

杏桃果凍

① 將糖煮杏桃大略切碎（Ⓐ）。放入鍋中，加入水，開火加熱。一邊以橡皮刮刀攪拌，一邊加熱至72℃為止。

② 關火，加入明膠顆粒，以橡皮刮刀攪拌溶勻（Ⓑ）。

③ 將直徑3cm的半球形矽膠烤模放在鐵盤上，以湯匙將②舀入矽膠烤模中直到7～8分滿的高度（Ⓒ），放進冷藏室冷卻凝固。

④ 以湯匙舀起③的半數脫離矽膠烤模，然後疊在還留在矽膠烤模中的其餘果凍上面，做成球狀（Ⓓ）。已經疊合的果凍以同樣方式暫時脫離矽膠烤模，如有必要，用手修整形狀。放回矽膠烤模之中，然後放進冷藏室冷卻。

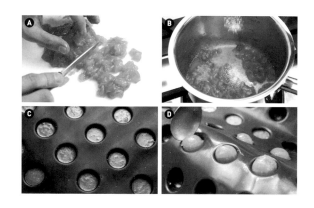

優格慕斯

前置準備：明膠顆粒與指定分量的水加在一起泡脹／鮮奶油打至7分發

① 將奶油乳酪以網篩過濾在缽盆中。以橡皮刮刀攪散成滑順的狀態（Ⓐ）。

② 加入細砂糖，以橡皮刮刀充分研磨攪拌，以免殘留結塊。依序加入檸檬汁、蜂蜜、優格，每次加入時都要以橡皮刮刀攪拌均勻。照片（Ⓑ）是將全部材料攪拌完畢的狀態。

③ 將已經泡脹的明膠顆粒放入另一個缽盆中，隔水加熱溶化。

④ 一邊將②的半量一點一點倒入③中，一邊以打蛋器攪拌。然後倒回②的缽盆中，以橡皮刮刀混合攪拌。在缽盆的底部墊著冰水（Ⓒ），冷卻至攪拌時會稍微留下攪拌痕跡的濃稠程度。

⑤ 將④的1/3量加入7分發的鮮奶油中，以橡皮刮刀攪拌均勻。加入剩餘的④，用橡皮刮刀以從底部舀起的方式，攪拌均勻（Ⓓ）。

POINT
→ 調配了分量比奶油乳酪多的優格，做出具有清涼感的味道。

傑諾瓦士蛋糕

前置準備：將蛋黃打散／鮮奶油調整成約45℃

① 將蛋白放入攪拌盆中，再將細砂糖分成3次加入，同時用攪拌機以高速攪拌至如照片（**A**）所示，產生挺立的尖角為止。

② 將①移入缽盆中，加入蛋黃，以橡皮刮刀大略攪拌。加入低筋麵粉（**B**），以橡皮刮刀攪拌至如照片（**C**）所示，沒有粉粒殘留，稍微出現光澤為止。

③ 加入已經調整成約45℃的鮮奶油，以橡皮刮刀攪拌成均勻的狀態。照片（**D**）是攪拌完畢的狀態。

④ 將較硬的紙鋪在直徑18cm、高6cm的可卸式圓形圈模2模中，再均等倒入③（**E**）。以上火180℃、下火160℃的層次烤爐烘烤約24分鐘。烘烤完畢之後，將圓形圈圈模抬高20～30cm，落在作業台上脫模（**F**）。然後暫時靜置於室溫下散熱。

⑤ 切除有烤色的那面，再橫切成8mm的厚度，以直徑5.2cm的圓形壓模壓出形狀。

POINT

→ 預先在圓形模具中鋪進較硬的紙，可以減輕蛋糕回縮的現象。

組合·最後潤飾

① 將優格慕斯填入裝有圓形擠花嘴的擠花袋中，擠入已經倒入柳橙果凍凝固的炸彈形模具中直到7分滿的高度（**A**）。

② 中央各放上1個球狀的杏桃果凍，輕輕壓入優格慕斯中（**B**）。擠入優格慕斯直到模具的邊緣為止，以擠花嘴輕戳表面，大略整平（**C**）。

③ 蓋上傑諾瓦士蛋糕，用手指輕壓使之緊密貼合（**D**）。放進冷藏室冷卻凝固。

④ 將③的模具浸入約50℃的熱水中，再立刻拿起來。用手指輕壓模具，確認模具和裡面的慕斯之間產生空隙（**E**），將模具稍微傾斜，使勁由上往下搖動，將慕斯脫模（**F**）。排列在長方形淺盤中，放進冷藏室冷卻凝固。

⑤ 將杏桃果醬放入圓錐形擠花袋中，擠出少量在直徑5.5cm的圓形油酥塔皮上（**G**）。將④放在油酥塔皮的上面。

⑥ 將糖粉撒在做成4.5cm×2cm的葉形油酥塔皮上面。將杏桃果醬擠出少量在蛙形杏仁膏的底部，然後黏在葉形油酥塔皮上面。將它放在⑤的上面（**H**）。

POINT

→ 因為炸彈形模具的縱向很長，即使像布丁模具一樣直直往下搖動也很難脫模。最好將模具斜拿往下搖動。

→ 在白色慕斯中埋入做成球狀的橙色果凍組合在一起，縱向切開時會呈現宛如水煮蛋的切面。再添加青蛙外形的杏仁膏，展現出玩心。

Oak Wood

〜〜〜〜〜〜

紅玉蘋果香料茶塔

蘋果 × 香料茶

店主兼甜點師
橫田秀夫先生

以焦糖紅玉蘋果展開發想,享用與香料的香氣完美結合的一款甜點。加入了小豆蔻、肉桂、
生薑、丁香和胡椒的香料茶,風味有勁卻不會太強烈,清爽的餘味充滿魅力。將香料茶的香氣
轉移至牛奶和鮮奶油中,製作成味道濃厚的法式卡士達塔。像希布斯特奶油一樣疊在上面的慕斯,
發揮青蘋果新鮮清爽的風味,而且與口感輕盈的甜塔皮底座吃進嘴裡時的感覺
產生對比。中間夾著微帶苦味的焦糖鮮奶油霜,將兩者連結起來,賦予醇厚的味道。

〔 **材料** 〕 使用模具：直徑6.5cm、高1.5cm的圓形圍模，口徑7.5cm、高2cm的可卸式塔模具

▸糖煮水果
（容易製作的分量）

糖煮蘋果切片
- 蘋果（紅玉）⋯1個
- 水⋯150g
- 細砂糖⋯150g
- 檸檬汁⋯15g
- 蘋果利口酒⋯30g

糖煮洋李
- 洋李（無籽）⋯140g
- 水⋯150g
- 香料茶的茶葉（RIE COFFEE「Rie's Passion Chai」）⋯3g
- 細砂糖⋯40g

▸甜塔皮
（約35個份）

奶油⋯300g
糖粉⋯180g
全蛋⋯90g
低筋麵粉⋯500g
杏仁粉⋯75g

▸奶油炒蘋果
（20個份）

蘋果（紅玉）⋯3個
清澄奶油⋯30g
細砂糖⋯45g

①糖煮蘋果切片
②糖煮洋李
③青蘋果慕斯
④焦糖鮮奶油霜
⑤香料茶法式卡士達塔
⑥奶油炒蘋果
⑦甜塔皮

▸香料茶法式卡士達塔
（20個份）

水⋯50g
香料茶的茶葉（RIE COFFEE「Rie's Passion Chai」）⋯5g
牛奶⋯200g
鮮奶油（乳脂肪含量38%）⋯120g
蛋黃⋯50g
細砂糖⋯32g
海藻糖⋯20g
卡士達粉⋯10g
奶精粉（森永乳業「Creap」）⋯20g

▸焦糖鮮奶油霜
（20個份）

焦糖醬汁（P.171）⋯100g
鮮奶油（乳脂肪含量45%）⋯100g

▸青蘋果慕斯
（20個份）

細砂糖⋯90g
水⋯30g
蛋白⋯55g
青蘋果果泥⋯375g
蘋果利口酒⋯40g
明膠片⋯15g
鮮奶油（乳脂肪含量38%）⋯425g

▸組合·最後潤飾

透明鏡面果膠⋯適量

〔 **作法** 〕

糖煮水果

① 製作糖煮蘋果切片。蘋果帶皮直接切成8等分，去芯後切成厚2mm的銀杏葉形。
② 將蘋果之外的材料全部放入鍋中，開火加熱。沸騰後將①加入，再次沸騰之後離火。放置在室溫下醃漬約2小時。照片（Ⓐ）為完成品。
③ 製作糖煮洋李。將洋李切成9等分。
④ 將水倒入鍋中開火加熱，沸騰之後關火，加入香料茶的茶葉，蓋上鍋蓋靜置5分鐘。
⑤ 以網篩過濾④，移入另一個鍋子中，加入細砂糖後開火加熱。沸騰後離火，將③加入其中。然後暫時放置在室溫下散熱，再移入冷藏室中放置一個晚上。照片（Ⓑ）為完成品。

POINT
→ 蘋果依照個體的不同，有的蘋果醃漬太久會褪色，請留意。醃漬到仍有紅色殘留的程度。

甜塔皮

前置準備：奶油攪拌成髮蠟狀／全蛋恢復至室溫之後打散成蛋液／低筋麵粉
　　　　　和杏仁粉混合過篩

① 將攪拌成髮蠟狀的奶油和糖粉放入攪拌盆中，用攪拌機以中低速
　 攪拌。將打散成蛋液的全蛋分成3～4次加入，每次加入時都要攪
　 拌至均勻的狀態。

② 加入已經事先混合過篩的低筋麵粉和杏仁粉，攪拌均勻。覆上保
　 鮮膜，在冷藏室中放置1小時以上。

③ 將②以派皮壓麵機延展成厚2mm的麵皮，鋪進口徑7.5cm、高2cm
　 的可卸式塔模具中。套入紙杯，壓上重物。

④ 將③以170℃的層次烤爐烘烤約20分鐘。取出重物和紙杯之後，
　 以刷子將打散的蛋黃（分量外）塗抹於內側（Ⓐ）。以170℃的
　 層次烤爐再烘烤約5分鐘。照片（Ⓑ）為烘烤完成的塔皮。暫時
　 靜置於室溫下散熱。

奶油炒蘋果

① 蘋果去皮去芯後縱切成4等分，再橫向分切成2等分，然後分別
　 切片成3等分。

② 將平底鍋以中火加熱，放入清澄奶油，融化後將細砂糖分散撒在
　 全體奶油中（Ⓐ）。待細砂糖溶化後出現焦色，如照片（Ⓑ）所
　 示冒出氣泡之後關火，加入①，分散在全體奶油中。細砂糖漸漸
　 凝固，呈麥芽糖狀。

③ 將②的平底鍋再次開火加熱。沾裹在蘋果周圍的麥芽糖開始融化
　 時，一邊以刮刀不時攪拌，一邊慢慢地拌炒蘋果（Ⓒ）。過度攪
　 拌，蘋果會變形潰散，請留意。

④ 炒到沒有汁液，竹籤可以迅速插入蘋果的狀態就OK了（Ⓓ）。攤
　 放在長方形淺盤中，暫時靜置於室溫下散熱。

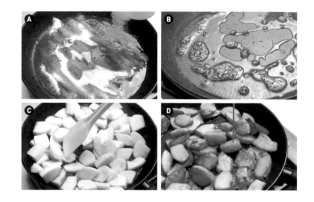

香料茶法式卡士達塔

① 將水倒入鍋中開火加熱。沸騰之後關火，接著加入香料茶的茶葉
　 （Ⓐ），蓋上鍋蓋靜置2分鐘。照片（Ⓑ）為放置了2分鐘的香料
　 茶。

② 在進行①的作業時，同時將牛奶和鮮奶油倒入另一個鍋子中，開
　 火加熱煮沸。

③ 將②倒入①之中（Ⓒ），然後靜置3分鐘。一邊以橡皮刮刀輕輕
　 按壓茶葉一邊以網篩過濾，移入缽盆中（Ⓓ）。

④ 在進行③的作業時，同時將蛋黃、細砂糖、海藻糖放入另一個缽
　 盆中，以打蛋器研磨攪拌。接著加入卡士達粉和奶精粉，攪拌至
　 沒有粉粒為止。

⑤ 將③的1/4量加入④之中攪拌（Ⓔ），接著加入剩餘的③攪拌。
　 以保鮮膜緊密貼合表面，去除氣泡（Ⓕ）。

焦糖鮮奶油霜

前置準備：一邊冷卻鮮奶油一邊打至8分發

① 將焦糖醬汁和打至8分發的鮮奶油放入缽盆中，以打蛋器攪拌至均勻
　 的狀態（Ⓐ&Ⓑ）。

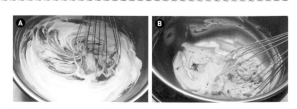

青蘋果慕斯

前置準備：明膠片加熱融化／一邊冷卻鮮奶油，一邊打至7分發

① 將細砂糖和水放入鍋中，開火加熱至118℃。

② 在進行①的作業時，同時將蛋白放入攪拌盆中，用攪拌機以中速攪拌至5分發（**A**）。

③ 一邊將①加入②之中，一邊以中速攪拌，攪拌至8分發時切換成低速，一邊冷卻一邊調整質地。照片（**B**）為攪拌完畢的狀態。

④ 將青蘋果果泥和蘋果利口酒倒入缽盆中，以橡皮刮刀攪拌（**C**）。

⑤ 將已經融化的明膠片放入另一個缽盆中，加入少量的④，以橡皮刮刀攪拌。然後倒回④的缽盆中攪拌。攪拌完畢時的溫度以25℃為準。

⑥ 將⑤加入打至7分發的鮮奶油中（**D**）。以打蛋器攪拌，再改用橡皮刮刀攪拌至均勻的狀態。接著加入③（以25～30℃為準）（**E**），以相同方式攪拌。照片（**F**）為攪拌完畢的狀態。攪拌完畢時的溫度要變成18~20℃。

POINT
→ 為了做出不會分離而且口感輕盈的青蘋果慕斯，請注意各個配料的溫度、攪拌完畢時的溫度。

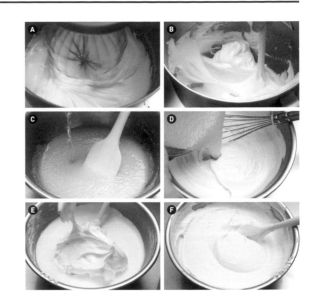

組合‧最後潤飾

① 將糖煮蘋果片放在網篩上瀝乾汁液，然後攤放在鋪有廚房紙巾的長方形淺盤中。

② 在直徑6.5cm、高1.5cm的圓形圈模內側側面貼上透明膠片，排列在已經貼上透明膠片的鐵盤上。使用竹籤將6片的①像花瓣一樣鋪在圓形圈模的裡面，調整蘋果片的位置使蘋果皮抵住圓形圈模的內側側面（**A**）。

③ 將1～2片糖煮洋李弄圓，使用竹籤輕輕按壓，放置在②的中央（**B**）。放入急速冷凍庫中冷卻凝固。

④ 將廚房紙巾鋪在缽盆中，放入奶油炒蘋果，吸除多餘的汁液。

⑤ 分別在盲烤的甜塔皮中，使用竹籤以各鋪滿3片的④為準（**C**）。

⑥ 倒入香料茶法式卡士達塔的蛋奶糊，滿到⑤的邊緣為止（**D**），以150℃的旋風烤箱烘烤約20分鐘。暫時靜置於室溫下散熱，然後移進冷藏室冷卻。

⑦ 將青蘋果慕斯填入裝有圓形擠花嘴的擠花袋中，擠入③的圓形圈模裡面。這個時候，先擠入鋪在底部的糖煮蘋果和糖煮洋李的縫隙，將縫隙填平（**E**），然後擠滿至圓形圈模的邊緣（**F**）。以抹刀抹平，放入急速冷凍庫中冷卻凝固。

⑧ 將少量的焦糖鮮奶油霜放在⑥的上面，以抹刀薄薄地推開，抹平（**G**）。

⑨ 以抹刀將透明鏡面果膠薄薄地塗抹在⑦的糖煮水果那面，抹平（**H**）。

⑩ 用手的溫度使⑨的側面變熱，取下圓形圈模，再剝下透明膠片（**I**）。將它放在⑧的上面（**J**）。

POINT
→ 利用蘋果皮的紅色，仿照花朵的樣子，把外觀也做得很可愛。「蘋果做的甜點很容易變得不起眼，所以在視覺方面也下了工夫。」（橫田先生）

LA VIEILLE FRANCE

阿爾代什

栗子 × 黑醋栗

店主兼甜點師
木村成克先生

木村成克先生一直守護著古老而令人懷念的法式甜點傳統和精髓。在構思原創的甜點時也是如此：
「我會研究正宗的風格和組合，如果可以在其中添加少許的個性就加進去，不能加的話也沒關係。」
這是木村先生秉持的立場。「阿爾代什」也是栗子和黑醋栗這種經典的組合。
栗子蛋糕質地細緻、入口即化的口感，以及黑醋栗凝乳不會太過突出的澀味，
反映出木村先生獨具的創意和技術，創造出具有安定感、溫和協調的味道。

〔 **材料** 〕 使用模具：直徑6cm、高3.5cm的圓形圈模

▸栗子蛋糕
（容易製作的分量・60×40cm的烤盤1盤份）

栗子醬（安貝「Pâte de MARRONS」）…300g
蛋黃…270g
初階糖…30g
蛋白…260g
細砂糖…130g
低筋麵粉…130g
奶油…50g

▸黑醋栗凝乳
（約25個份）

冷凍蛋黃…108g
全蛋…108g
細砂糖…50g
黑醋栗果泥…172.5g
青蘋果果泥…115g
檸檬汁…12.5g
明膠粉…3.4g
水…13.6g
奶油…108g

▸栗子慕斯
（約50個份）

栗子醬（安貝「Pâte de MARRONS」）…214.5g
栗子泥（安貝「Purée de MARRONS」）…288g
牛奶…344g
鮮奶油A（乳脂肪含量35%）…230g
蛋黃…117g
明膠粉…16g
水…64g
白巧克力
（Felchlin「Edelweiss」）…1005g
鮮奶油B（乳脂肪含量35%）…1047g

▸焦糖鏡面巧克力
（容易製作的分量）

鮮奶油（乳脂肪含量35%）…300g
明膠粉…20g
水…80g
牛奶巧克力
（法芙娜「焦糖牛奶」／可可含量36%）…690g
透明鏡面果膠…900g

▸組合・最後潤飾

黑巧克力…適量
威士忌風味糖漿…由完成品取適量
├ 糖漿（波美25度）…100g
└ 威士忌…20g
糖漬栗子（SABATON「糖漬栗子〔小顆〕」）…適量
裝飾用巧克力…適量
透明鏡面果膠…適量

① 糖漬栗子
② 焦糖鏡面巧克力
③ 栗子慕斯
④ 黑醋栗凝乳
⑤ 栗子蛋糕

〔 **作法** 〕

栗子蛋糕

前置準備：奶油融化之後調整成約50℃

① 栗子醬以微波爐加熱至與體溫相當的程度，蛋黃打散後一樣加熱至與體溫相當的程度。將栗子醬放入食物處理機（Ⓐ），一點一點地加入蛋黃一邊攪拌。在加入半量左右的蛋黃攪拌的階段，暫時關掉食物處理機，清理沾附在內側側面的材料（Ⓑ）。

② 將①攪拌均勻之後，加入初階糖（Ⓒ），再將全體拌勻至某個程度。然後移入攪拌盆中，用攪拌機以中速攪拌至如照片（Ⓓ）所示，全體變得均勻、滑順的狀態為止。

［步驟③以後在次頁↓］

③ 將蛋白和細砂糖放入另一個攪拌盆中，一邊以打蛋器攪拌，一邊開直火加熱至與體溫相當的程度。離火後，將攪拌盆與攪拌機組合，以高速攪拌至如照片（**E**）所示8～9分發為止。

④ 將②移入缽盆中，依照順序加入③的約1/3量、低筋麵粉、剩餘的③，每次加入時都要以橡皮刮刀大略攪拌（**F**）。在還沒有完全拌勻前，加入接下來的材料。

⑤ 在④還沒有完全拌勻時，加入已經調整成約50℃的奶油（**G**），以橡皮刮刀攪拌至全體融合為止。

⑥ 將⑤倒入鋪有烘焙紙的60×40cm烤盤中，以抹刀推開之後，抹平（**H**）。以170℃的旋風烤箱烘烤約18分鐘。暫時靜置於室溫下散熱。

POINT
→ 攪拌栗子醬時盡量避免拌入空氣，即使烤成較厚的蛋糕體，還是可以做出質地細緻、入口即化的口感。

黑醋栗凝乳
前置準備：將冷凍蛋黃解凍／明膠粉混合指定分量的水泡脹／奶油切成約2cm見方，恢復至室溫

① 將已經解凍的冷凍蛋黃、全蛋、細砂糖放入缽盆中，以打蛋器研磨攪拌（**A**）。

② 將黑醋栗果泥和青蘋果果泥加入①中，以打蛋器攪拌，再加入檸檬汁攪拌（**B**）。

③ 將②移入銅缽盆中開中火加熱。一邊以打蛋器不斷攪拌，一邊加熱至沸騰（以約85℃為準）（**C**）。

④ 將已經泡脹的明膠粉放入缽盆中，再將③加入，以橡皮刮刀攪拌溶勻。將缽盆的底部墊著冰水，一邊以橡皮刮刀不斷攪拌，一邊冷卻至43℃為止（**D**）。

⑤ 將④移入有高度的容器中。加入已經切成約2cm見方的奶油，以手持式攪拌棒攪拌，充分使之乳化（**E**）。這個時候，偶爾改用橡皮刮刀清理內側側面，從底部攪拌。

⑥ 將⑤倒入麵糊分配器中，然後在口徑4cm、高2cm的矽膠烤模中各注入14g（**F**）。放入急速冷凍庫中冷卻凝固。

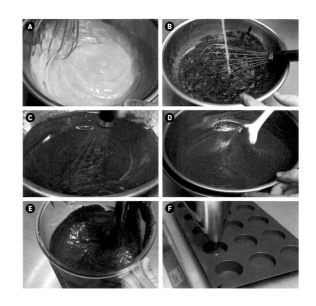

POINT
→ 「黑醋栗是法式甜點不可欠缺的素材。但是在日本，有的人說吃不慣這個味道。」木村先生說道。因此，加入青蘋果果泥緩和澀味。

栗子慕斯
前置準備：明膠粉混合指定分量的水泡脹／白巧克力融化之後調整成40℃

① 將栗子醬放入缽盆中，一邊逐次少量加入栗子泥，一邊以橡皮刮刀攪拌至全體融合在一起（**A**）。

② 將牛奶和鮮奶油A倒入鍋中，開火加熱煮沸。

③ 將蛋黃放入另一個缽盆中以打蛋器打散，加入②攪拌（**B**）。將它倒回鍋中。

④ 將③開中火加熱，一邊以橡皮刮刀攪拌，一邊加熱至約83℃左右（**C**）。

⑤ 將已經泡脹的明膠粉放入缽盆，再將④以網篩過濾之後加入缽盆（**D**）。以橡皮刮刀攪拌至全體融合在一起，然後將缽盆的底部墊著冰水，一邊攪拌一邊冷卻至與體溫相當的程度。

⑥ 將少量的⑤加入①中（**E**），以橡皮刮刀充分攪拌。將已經調整成40℃的白巧克力放在另一個缽盆中，再將剩餘的⑤分成3次左右加入其中（**F**），每次加入時都要以橡皮刮刀充分攪拌。

⑦ 將⑥的2種奶油醬加在一起倒入有高度的容器中，以手持式攪拌棒攪拌，使之乳化（**G**）。乳化之後調整成32～33℃。

⑧ 將鮮奶油B倒入缽盆中打至8分發，再加入⑦，用打蛋器以往上舀起的方式攪拌（**H**）。

POINT
→ 因為栗子醬有硬度，所以預先與步驟⑤的奶油醬混合，好好稀釋之後，接下來才以手持式攪拌棒使之乳化。

~~~~~~

焦糖鏡面巧克力

前置準備：明膠粉混合指定分量的水泡脹／牛奶巧克力融化之後調整成約35℃／透明鏡面果膠調整成約40℃

① 將鮮奶油倒入鍋中，開火加熱煮沸。將已經泡脹的明膠粉放入缽盆中，再加入煮沸的鮮奶油（**A**），以橡皮刮刀攪拌溶勻。缽盆的底部墊著冰水，冷卻至與體溫相當的程度。

② 將已經調整成約35℃的牛奶巧克力放在另一個缽盆中，再將①分成3次左右加入其中，每次加入時都要以橡皮刮刀攪拌均勻（**B** & **C**）。

③ 將②與調整成約40℃的透明鏡面果膠倒入有高度的容器中，以手持式攪拌棒攪拌，使之乳化（**D**）。

~~~~~~

組合‧最後潤飾

前置準備：將黑巧克力融化／準備糖漬栗子，有的切成7mm小丁，有的對半切

① 將栗子蛋糕以直徑5cm的圓形壓模壓出形狀（**A**），以抹刀在有烤色的那面塗上融化的黑巧克力（**B**）。排列在鋪有烘焙紙的鐵盤中，放入冷藏室冷卻凝固。

② 製作威士忌風味糖漿。將糖漿和威士忌混合在一起。

③ 將SILPAT烘焙墊疊放在鐵盤上，把直徑6cm、高3.5cm的圓形圈模排列在鐵盤中。將①翻面，用刷子塗上威士忌風味糖漿（**C**），再將塗有糖漿的那面朝上，放入圓形圈模中。以麵糊分配器將栗子慕斯注入圓形圈模中，直到4～5分滿的高度（**D**）。

④ 將已經冷卻凝固的黑醋栗凝乳放在③的中央，用指尖輕輕按壓（**E**）。再次注入栗子慕斯，直到將黑醋栗凝乳隱沒的程度。以湯匙的背面輕輕抹平，再切成7mm小丁的糖漬栗子撒在中央附近（**F**）。

⑤ 再度注入栗子慕斯，直到注滿④的邊緣為止，以抹刀抹平（**G**）。放入急速冷凍庫中冷卻凝固5分鐘。

⑥ 從急速冷凍庫中取出⑤。冷卻凝固之後，上面會稍微凹陷下去，所以要用抹刀放上少量的栗子慕斯，再次抹平。以瓦斯噴槍稍微烘一下側面，取下圓形圈模，然後排列在疊著網架的鐵盤上。

⑦ 將焦糖鏡面巧克力淋在⑥的上面。以抹刀將上面抹平（**H**），將網架輕輕敲撞鐵盤，讓多餘的焦糖鏡面巧克力滴落。將裝飾用巧克力貼在側面，再放上切成一半的糖漬栗子，把透明鏡面果膠塗在糖漬栗子上。

Un Petit Paquet

~~~~~~

惡魔栗子塔

栗子 × 黑醋栗

店主兼甜點師
及川太平先生

從擺放著栗子澀皮煮的栗子塔裡面,慢慢滲出顏色鮮明且酸味強烈的黑醋栗。為了加重血的意象,
取名為「惡魔栗子塔」。栗子澀皮煮是自家費工製作的。「配方、水煮時間的長短和煮透的狀態
全憑師傅的感覺。其中充滿樂趣。料理和甜點都是一旦敷衍了事就會完蛋。那是我的經歷。」及川太平先生說道。
在充滿栗子滋味的味道中,大量的黑醋栗賦予華麗的輪廓。酥脆易碎的甜塔皮和
香草奶酥、口感濕潤的栗子奶油醬,形成對比的口感也充滿魅力。

〔 材料 〕 使用模具：口徑15cm的菊形可卸式塔模具（1模6個份）

‣ 栗子澀皮煮
（容易製作的分量）

栗子*…450g（已剝除外皮的狀態計量）
小蘇打粉…約1小匙
水…約800g
細砂糖…約300g

＊這次使用的是大小約4×3cm左右，
神奈川縣產的栗子

‣ 香草奶酥
（容易製作的分量）

發酵奶油…100g
糖粉…100g
香草糖…1撮
杏仁粉…100g
低筋麵粉…100g

‣ 杏仁卡士達醬
（容易製作的分量）

發酵奶油…800g
糖粉…1000g
全蛋…600g
杏仁粉…1000g
玉米粉…100g
香草精…適量
卡士達醬（P.172）…1050g

‣ 甜塔皮
（約5模份）

發酵奶油…270g
香草糖…少量
鹽…3g
糖粉…170g
全蛋…90g
杏仁粉…57g
低筋麵粉…450g

‣ 栗子奶油醬
（約8模份）

合仁卡士達醬…由左記取1200g
栗子奶油…400g
蘭姆酒…100g

‣ 組合・最後潤飾
（1模份）

傑諾瓦士蛋糕…適量
黑醋栗（冷凍）…70g
肉桂粉…適量
透明鏡面果膠…適量

① 栗子澀皮煮
② 香草奶酥
③ 栗子奶油醬
④ 黑醋栗
⑤ 傑諾瓦士蛋糕
⑥ 甜塔皮

〔 作法 〕

栗子澀皮煮

① 在栗子外皮的角大約2個地方用剪刀剪掉一小片（Ⓐ），然後把栗子浸泡在水（分量外）中1小時左右，直到外皮柔軟容易剝除（Ⓑ）。剪開外皮的時候，請注意不要讓澀皮受損。
② 使用餐刀（刀子不太銳利的類型）插入在①中剪開的切口，剝除外皮（Ⓒ＆Ⓓ）。在下鍋煮之前先浸泡在水（分量外）中。

［ 步驟③以後在次頁↓ ］

③ 將鍋中熱水（分量外）煮沸，把②的栗子放進去煮（**E**）。煮至出現浮沫，熱水變成褐色之後，倒入網篩中瀝乾熱水，然後以流動的水搓洗。可以用棕刷輕輕刷洗，或是用手指搓磨，搓掉筋或綿之類的東西（**F**）。

④ 將③放入銅鍋中，加入水（分量外）到淹過栗子的程度，開大火加熱。煮沸之後轉成小火，加入小蘇打粉一起煮（**G**）。煮汁慢慢地變成墨黑色。中途追加水（分量外），保持水量淹過栗子的狀態，煮約40分鐘直到可以用竹籤迅速插入栗子為止（**H**）。

⑤ 倒入網篩中瀝乾熱水（**I**），然後以流動的水清洗。用手指搓磨，搓掉筋或綿之類的東西（**J**），如有需要就再煮沸一次，適度撈除浮沫。

⑥ 將⑤放入鍋中，倒入指定分量的水（調整成可以淹過栗子的程度），開大火加熱。加入1/3量的細砂糖（**K**），煮沸之後轉小火，煮的時候偶爾撈除浮沫（**L**）。煮到甜味滲入全部栗子後，加入剩餘的細砂糖繼續煮。煮到甜味充分滲入栗子之後離火。

⑦ 連同煮汁移入缽盆中，覆上保鮮膜，在冷藏室放置一個晚上。倒入網篩中瀝乾汁液之後再使用。

POINT

→ 為了煮出口感佳的栗子，要仔細搓除筋和綿之類的東西。

→ 如果將浮沫完全撈乾淨會變得沒有味道，所以適度撈除即可。

香草奶酥

前置準備：發酵奶油恢復至室溫

① 將發酵奶油、糖粉和香草糖放入缽盆，一開始用橡皮刮刀切拌（**A**），融合在一起之後改成研磨攪拌。攪拌至沒有粉粒即可（**B**）。

② 加入杏仁粉，攪拌均勻。

③ 加入低筋麵粉，用刮板切拌至如照片（**C**）所示，變成酥鬆的狀態。鋪散在鐵盤中，在冷藏室中放置2小時左右。

④ 以網孔大小約7mm見方的網篩過濾③，鋪散在鋪有烘焙紙的鐵盤上（**D**）。放進冷凍室冷卻。

杏仁卡士達醬

前置準備：發酵奶油恢復至室溫／全蛋恢復至室溫之後打散成蛋液／杏仁粉和玉米粉混合過篩／攪散卡士達醬使之變軟

① 將發酵奶油放入攪拌盆中，以攪拌機攪拌成髮蠟狀。加入糖粉，攪拌至融合在一起。

② 將打散成蛋液的全蛋分成數次加入，每次加入時都要充分攪拌，使之乳化。

③ 將已經混合過篩的杏仁粉和玉米粉一點一點地加進去，同時攪拌均勻。

④ 加入香草精和已經變軟的卡士達醬，調高攪拌機的速度，一邊稍微拌入空氣，一邊攪拌至均勻的狀態。放進冷藏室保存，恢復室溫之後再使用（**A**）。

甜塔皮

前置準備：發酵奶油恢復至室溫／全蛋恢復至室溫之後打散成蛋液

① 將發酵奶油放入缽盆中，加入香草糖和鹽之後攪拌均勻。
② 加入糖粉，攪拌均勻。將打散成蛋液的全蛋分成3次加入，每次加入都要攪拌均勻。

③ 依序加入杏仁粉和低筋麵粉，每次加入都要攪拌至沒有粉粒為止。覆上保鮮膜，在冷藏室中放置一個晚上（3小時以上）。

栗子奶油醬

前置準備：杏仁卡士達醬恢復至室溫

① 將杏仁卡士達醬放入缽盆中，依序加入栗子奶油和蘭姆酒，每次加入都要以橡皮刮刀攪拌均勻（❹&❻）。放進冷藏室冷卻，讓它稍微緊實一點。

組合‧最後潤飾

① 以擀麵棍等將甜塔皮延展成4mm的厚度（以大小比模具大上兩圈左右的圓形為準），然後戳洞。依照步驟②～④的要領將它鋪進口徑15cm的菊形可卸式塔模中。
② 將塔皮放在模具上，一邊轉動模具一邊將塔皮壓入模具的底部為止，用手指壓開底側的塔皮，讓塔皮分布到模具的邊角為止（❹）。
③ 將超出模具的塔皮稍微彎向內側，再摺向模具外面，將擀麵棍從上方滾過去，切除多餘的塔皮（❻）。
④ 一邊轉動模具 一邊以指尖捏住塔皮向內彎的部分和模具，讓塔皮緊密貼在模具的側面（❻），然後一邊整理塔皮的厚度，一邊使塔皮如照片（❻）所示，變成稍微高出模具的狀態。
⑤ 將大小剛好可以裝入模具底部的圓形傑諾瓦士蛋糕，切成非常薄的薄片，鋪在④的底部（❻）。
⑥ 放入栗子奶油醬，分量為可以覆蓋傑諾瓦士蛋糕的程度，以抹刀抹開在全體蛋糕片上，然後抹平（❻）。
⑦ 均勻鋪滿黑醋栗，以抹刀輕輕按壓（❻）。
⑧ 將瀝乾汁液的栗子澀皮煮分切成約6等分。將4個份左右的栗子澀皮煮撒在⑦之中，以抹刀輕輕按壓（❻）。
⑨ 再次放入栗子奶油醬，將表面大略抹平（❻）。這個時候加進去的栗子奶油醬，分量要調整成抹平時比塔皮的邊緣低5mm左右。在冷藏室中放置1～2小時。
⑩ 將香草奶酥覆蓋在⑨的上面（❻），然後全體撒上肉桂粉。
⑪ 放在烤盤上，以165℃的旋風烤箱烘烤40～50分鐘。暫時靜置於室溫下散熱，然後脫模（❻）。
⑫ 將栗子澀皮煮瀝乾汁液之後，放上不分切完整的6個栗子，然後在表面用刷子塗上透明鏡面果膠（❻）。再以波浪蛋糕刀分切成6等分。

POINT
→ 將甜塔皮鋪得稍厚一點，再放上香草奶酥之後充分烘烤，強調酥酥脆脆的口感。

Maison de Petit Four

~~~~~

單寧風味

柿子 × 紅茶 × 焦糖

店主兼甜點師
西野之朗先生

法文原名「Saveur Tanin」，為「單寧風味」之意。以柿子為主角，搭配紅茶、焦糖。
利用柿子「加熱之後會因單寧成分而產生強烈的澀味」（西野之朗先生）這種特質，將硬柿子
以糖漬處理之後再使用。從紅茶和焦糖這2種風味的慕斯之中，散發出各種澀味、果實味和洋酒的香氣，
在口中留下高雅清爽的餘味。雖然以法式甜點為基礎的作法不變，但是近幾年有時會使用日式素材，
有時會從料理或和菓子擷取靈感，以更自由的態度，追求「對日本人來說可以安心、讓心情平靜的味道」。

〔 **材料** 〕 使用模具：口徑6cm、高5cm的炸彈形矽膠烤模

‣ 糖漬柿子
（容易製作的分量）

柿子（去籽／較硬的果實）…適量
糖漿（白利糖度74%）…適量
雅馬邑白蘭地（Armagnac）…適量

‣ 核桃蛋糕
（容易製作的分量·42×33cm的烤盤1盤份）

核桃…200g
全蛋…41g
蛋黃…60g
核桃粉…28g
杏仁粉…28g
糖粉…131g
蛋白…105g
細砂糖…38g
低筋麵粉…71g

‣ 焦糖醬汁
（容易製作的分量）

水麥芽…80g
細砂糖…190g
鮮奶油（乳脂肪含量35%）…190g
TRIMOLINE（轉化糖）…80g
香草精…8g

‣ 焦糖慕斯
（29個份）

蛋黃…28g
細砂糖…6g
牛奶…140g
焦糖醬汁…由上記取出135g
明膠片…6g
義大利蛋白霜（P.172）…41g
鮮奶油（乳脂肪含量38%）…211g

‣ 紅茶慕斯
（32個份）

牛奶…450g
鮮奶油A（乳脂肪含量38%）…225g
紅茶茶葉（伯爵紅茶）…37g
蛋黃…150g
細砂糖…225g
明膠片…18g
義大利蛋白霜（P.172）…120g
鮮奶油B（乳脂肪含量38%）…450g

‣ 組合·最後潤飾

酒糖液…由完成品中取出適量
├ 糖漿（波美20度）…120g
└ 雅馬邑白蘭地…12g
噴槍用巧克力
（橙、黃綠／P.172）…各適量
奶酥（P.172）…適量
香緹鮮奶油（P.172）…適量
裝飾用巧克力（葉形）…適量片
裝飾用巧克力（刨花）…適量根

① 香緹鮮奶油
② 紅茶慕斯
③ 焦糖慕斯
④ 糖漬柿子
⑤ 核桃蛋糕
⑥ 奶酥

〔 **作法** 〕

糖漬柿子

① 柿子去皮後取下蒂頭，切成8等分左右的瓣形。將柿子放入萬能調理器「Qb8tto」中，加入熱水（分量外）煮至變軟。倒掉熱水。
② 將糖漿加入①中，直到剛好蓋過柿子的程度，以真空狀態加熱30～40分鐘，不打開蓋子就這樣放置一個晚上。瀝乾汁液之後移入缽盆中，灑上雅馬邑白蘭地混合。覆上保鮮膜，在冷藏室中放置一個晚上。照片（Ⓐ）為完成品。

POINT
→ 「柿子加熱之後會因單寧成分而產生強烈的澀味」（西野先生）。為了利用這點，將硬柿子加工成糖漬柿子。如果以真空調理的方式（萬能調理器「Qb8tto」）處理，短時間加熱，即可製作出色澤和風味俱佳的成品。

核桃蛋糕

前置準備：全蛋恢復至室溫／核桃粉、杏仁粉、糖粉混合過篩

① 核桃大略切碎之後鋪散在烤盤上，以上火、下火都是170～180℃的層次烤爐烘烤至還未上色的程度。放涼（Ⓐ）。

② 將全蛋、蛋黃和已經混合過篩的核桃粉、杏仁粉、糖粉放入攪拌盆中。以打蛋器等大略攪拌之後，將攪拌盆與攪拌機組合，以高速攪拌。攪拌至如照片（Ⓑ）所示，變成顏色泛白、滑潤而黏稠的狀態即可停止。

③ 在②的攪拌快要結束前的時間點，將蛋白和細砂糖放入另一個攪拌盆中，如照片（Ⓒ）所示，用攪拌機以高速攪拌至舀起時呈尖角挺立的狀態。

④ 取③的1/3量加入②之中，以橡皮刮刀大略攪拌。加入低筋麵粉，用橡皮刮刀以從底部舀起的方式翻拌至沒有粉粒為止。

⑤ 將剩餘的③的半量加入④中，以橡皮刮刀混合攪拌（Ⓓ）。拌勻之後加入剩餘的③，攪拌至全體融合在一起。照片（Ⓔ）為攪拌完畢的狀態。

⑥ 將⑤倒入鋪有烘焙紙的42×33cm烤盤中，以刮板等刮平（Ⓕ），再撒上①的核桃（Ⓖ）。以上火220℃、下火180℃的層次烤爐烘烤約15分鐘。暫時靜置於室溫下放涼，然後以直徑6cm的圓形壓模壓出形狀（Ⓗ）。

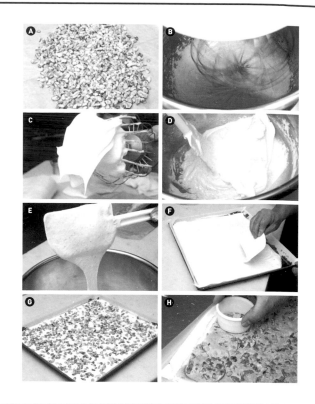

焦糖醬汁

① 將水麥芽放入銅缽盆中，以中火加熱。變熱之後將細砂糖分成3次加入，每次加入時都要一邊以木鏟攪拌，一邊煮溶（Ⓐ）。

② 在進行①的作業時，同時將其餘的材料放入鍋中開火加熱，一邊以橡皮刮刀攪拌，一邊將轉化糖煮溶（Ⓑ）。

③ 一邊偶爾以木鏟攪拌①，一邊持續加熱，煮至如照片（Ⓒ）所示，冒起濛濛的白煙，糖液變成深茶褐色時即可關火。

④ 將②一點一點地加入③中，以木鏟攪拌（Ⓓ）。以網篩過濾，移入缽盆中，在室溫下散熱。

焦糖慕斯

前置準備：明膠片以冷水泡軟／鮮奶油打至7分發

① 將蛋黃和細砂糖放入缽盆中，以打蛋器研磨攪拌至顏色泛白為止。

② 在進行①的作業時，同時將牛奶倒入鍋中開火加熱，稍微變熱之後加入焦糖醬汁，一邊以橡皮刮刀攪拌溶勻，一邊煮沸（Ⓐ）。

③ 將②加入①之中以打蛋器攪拌（Ⓑ），倒回②的鍋中。以微火加熱，一邊以橡皮刮刀攪拌一邊加熱至80℃為止，煮成如照片（Ⓒ）所示的濃稠狀態。

④ 離火，加入已泡軟的明膠片，以橡皮刮刀攪拌溶勻。用網篩過濾，移入缽盆中（Ⓓ），底部墊著冰水，一邊以打蛋器攪拌，一邊冷卻至與體溫相當的程度。

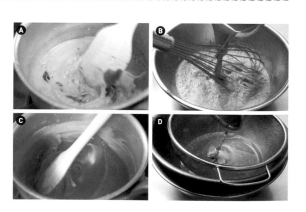

⑤ 將義大利蛋白霜放入另一個缽盆中（**E**），加入1勺打至7分發的
鮮奶油，以打蛋器攪拌（**F**）。將它倒回放有其餘打至7分發的
鮮奶油的缽盆中，輕輕地混合。

⑥ 將⑤的1/3量加入④之中（**G**），以打蛋器攪拌均勻。將它倒回
⑤的缽盆中，以打蛋器攪拌均勻。改用橡皮刮刀攪拌至均勻。照
片（**H**）為攪拌完畢的狀態。

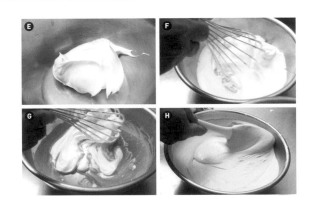

紅茶慕斯

前置準備：明膠片以冷水泡軟／鮮奶油B打至7分發

① 將牛奶和鮮奶油A倒入鍋中，加入紅茶茶葉，開火加熱。以打蛋
器大略攪拌，煮沸之後關火，蓋上鍋蓋，靜置約10分鐘。用網篩
過濾（**A**）。

② 在進行①的作業時，同時將蛋黃和細砂糖放入缽盆中，以打蛋器
研磨攪拌至顏色泛白為止（**B**）。

③ 一邊將①加入②中，一邊以打蛋器攪拌。然後倒回鍋子中，開火
加熱，一邊攪拌一邊加熱至80℃為止。

④ 依照焦糖慕斯的步驟④～⑥進行同樣的作業（**C**）。照片（**D**）
為完成的狀態。

POINT
→ 使用大量茶葉，慢慢地萃取出風味，引出強烈的澀味。紅茶的香氣也很
適合搭配糖漬柿子和加入酒糖液中的雅馬邑白蘭地。

組合‧最後潤飾

① 將焦糖慕斯填入裝有圓形擠花嘴的擠花袋中，擠入口徑4cm、高
4cm的炸彈形模具中，直到8分滿左右的高度，再將1～2塊糖漬
柿子瀝乾汁液之後放入中央（**A**）。柿子自然下沉之後，慕斯剛
好升至裝滿模具邊緣的高度。放入急速冷凍庫中冷卻凝固。

② 將叉子刺入①的中央，將模具在熱水中迅速浸泡一下，以轉動慕
斯的方式脫模（**B**）。拔掉叉子，排列在鋪有透明膠片的鐵盤上
（**C**），放進冷凍室保存。

③ 製作酒糖液。將糖漿和雅馬邑白蘭地混合。

④ 將紅茶慕斯填入裝有圓形擠花嘴的擠花袋中，擠入口徑6cm、高
5cm的炸彈形矽膠烤模中直到8分滿左右的高度。

⑤ 將②放入④的中央（**D**）。②下沉之後，慕斯剛好升至裝滿模具
邊緣的高度。

⑥ 用刷子在核桃蛋糕有烤色的那面塗抹③的酒糖液，將有烤色的
那面朝下，蓋在⑤的上面（**E**）。表面也塗上大量的酒糖液
（**F**），放入急速冷凍庫中冷卻凝固。

⑦ 將⑥脫模，排列在鋪有烘焙紙的鐵盤上。以巧克力噴槍依序噴上
橙色和黃綠色的巧克力（**G**）。

⑧ 將奶酥沿著紅茶慕斯的邊緣貼上1圈（**H**）。

⑨ 將香緹鮮奶油填入裝有圓形擠花嘴的擠花袋中，擠在紅茶慕斯的
頂端。最後以2種巧克力（葉形和刨花）裝飾。

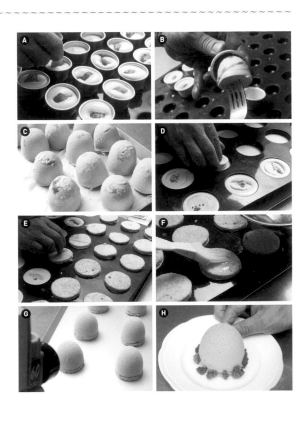

受注目世代的
靈活創意

成為店主兼甜點師、活躍於海外的知名競賽等，年齡層
在35歲到45歲的甜點師站上新的舞台，將自己的可能性
拓展得更為寬廣。特別是過去幾年，有潛力的甜點師相
繼獨立開業，令人感覺到這個世代層的厚度。本章關注
的是，為業界帶來新氣象的15名甜點師，希望透過本書
能向大眾展現他們靈活的發想力。

PÂTISSERIE
JUN UJITA

~~~~~~

桃之樂

店主兼甜點師
宇治田 潤先生

桃子 × 開心果

「使用桃子製作甜點非常困難。」宇治田潤先生說道：
「不只是桃子，其他像荔枝、柿子之類味道清淡的水果，新鮮時水嫩多汁是它原有的特色，如何製作出可以表現
這種特色的甜點，唯有在失敗中反覆地摸索才行。」
剛開始是試做口感輕盈的桃子慕斯，但宇治田先生認為沒有發揮素材的特色。
他考慮到「重點是如何在口中只留下桃子的味道」，
於是以沒有包含太多的空氣、味道醇厚濃郁、質地稍重的桃子奶油醬為主體，
在咀嚼著加入開心果的蛋糕體時還能享受到桃子香氣的餘韻。

〔 **材料** 〕 使用模具：直徑5.5cm、高5cm的圓形圍模

‣開心果彼士裘依蛋糕
（容易製作的分量‧60×40cm的烤盤1盤份）

開心果（西西里島產）…240g
杏仁粉…120g
糖粉…340g
低筋麵粉…100g
泡打粉…4g
全蛋…340g
奶油…140g
櫻桃酒糖漿（P.172）…適量

‣法國桃子凝凍
（27個份）

法國桃子（Pêche de Vigne／冷凍／SICOLY）…250g
細砂糖…80g
果膠…3g

‣奶油霜
（容易製作的分量）

蛋黃…68g
細砂糖A…82g
煮沸的牛奶…137g
香草莢…1/2根
細砂糖B…137g
水…46g
蛋白…68g
發酵奶油…450g

‣法國桃子奶油霜
（27個份）

法國桃子凝凍…由上記取出70g
奶油霜…由上記取出300g

‣桃子奶油醬
（27個份）

桃子（白）果泥（La Fruitière）…250g
法國桃子果泥（保虹boiron）…250g
香草莢…1/2根
櫻桃酒…15g
桃子糖漿
（Wolfberger「LES GOURMANDISES　EXTRAIT DE PÊCHE」）…15g
蛋黃…120g
明膠片…20g
白巧克力（法芙娜「伊芙兒」）…400g
色素（紅）…適量
發酵奶油…90g
鮮奶油（乳脂肪含量47%）…450g

‣開心果香緹鮮奶油
（約30個份）

鮮奶油（乳脂肪含量38%）…200g
細砂糖…20g
開心果醬…3g

‣組合‧最後潤飾

噴槍用巧克力（P.172）…適量
開心果（已經弄碎）…適量
開心果（切成一半）…適量

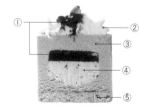

①法國桃子凝凍
②開心果香緹鮮奶油
③桃子奶油醬
④法國桃子奶油霜
⑤開心果彼士裘依蛋糕

~~~~~~

〔 **作法** 〕

開心果彼士裘依蛋糕
前置準備：全蛋打散成蛋液／將奶油融化

① 將開心果烘烤過後，以Robot Coupe食物調理機打碎。將它與杏仁粉、糖粉、低筋麵粉、泡打粉、已經打散成蛋液的全蛋放入缽盆中（**A**），以打蛋器攪拌（**B**）。
② 攪拌至沒有粉粒之後加入已經融化的奶油，混合攪拌至出現光澤為止。照片（**C**）為攪拌完畢的狀態。
③ 將①倒入鋪有烘焙紙的60×40cm烤盤中，以230℃的烤箱烘烤約12分鐘。
④ 暫時放置在室溫中放涼，以壓模壓出直徑5cm的圓形。以刷子將櫻桃酒糖漿塗抹在有烤色的那面上（**D**）。

POINT

→ 攪拌材料的時候，為了避免拌入多餘的空氣，要將打蛋器垂直抵在缽盆的底部，以畫圓的方式攪拌。

法國桃子凝凍

① 將法國桃子解凍之後放入銅鍋中，以手持式攪拌棒攪碎（A&B）。
② 將細砂糖和果膠加入①之中，以打蛋器混合攪拌。然後以中火加熱，不斷地持續攪拌，沸騰之後再煮1～2分鐘才移離爐火（C）。
③ 在口徑3.5cm×高2cm的矽膠烤模中各放入5g（D），然後放入冷凍室中冷卻凝固。剩餘的法國桃子凝凍會使用在法國桃子奶油霜和最後潤飾時，所以要放入冷藏室冷卻備用。

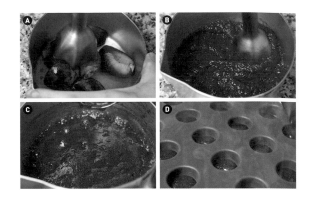

奶油霜

前置準備：將發酵奶油攪拌成髮蠟狀

① 將蛋黃和細砂糖A放入鍋子中研磨攪拌。
② 加入煮沸的牛奶、香草莢，以中火熬煮。煮好之後移離爐火，以網篩過濾，取出香草莢的豆莢。放涼。

③ 將細砂糖B和水放入鍋子中，以火加熱至120℃為止。
④ 將蛋白放入缽盆中，打至6～7分發，加入③之後再打發起泡。
⑤ 將發酵奶油和②放入另一個缽盆中以打蛋器攪拌，加入④之後以橡皮刮刀攪拌。放入冷藏室中冷卻。

法國桃子奶油霜

① 將法國桃子凝凍和奶油霜放入缽盆中，以打蛋器攪拌（A）。
② 將①填入裝有圓形擠花嘴的擠花袋中，擠入已放入法國桃子凝凍的矽膠烤模中，擠滿至烤模的邊緣（B）。放入冷凍室中冷卻凝固。

桃子奶油醬

前置準備：明膠片以冷水泡軟／將白巧克力融化／鮮奶油打至6～7分發

① 將桃子果泥、法國桃子果泥、香草莢、櫻桃酒、桃子糖漿放入鍋子中（A），以橡皮刮刀攪拌。
② 將蛋黃放入缽盆中打散，加入①之後以打蛋器攪拌（B）。將它倒回①的鍋子中，以小火加熱，一邊攪拌一邊加熱至82℃為止（C）。移離爐火，加入已經泡軟的明膠片攪拌。
③ 將已經融化的白巧克力放入缽盆中，再將②以網篩過濾加入其中（D），接著加入色素攪拌。放涼之後加入發酵奶油攪拌。
④ 等③的溫度變成30～33℃之後，與已經打至6～7分發的鮮奶油混合攪拌。先將少量的③加入已經放入鮮奶油的缽盆中，以打蛋器攪拌，再將它倒回③的缽盆中攪拌（E）。全體變得均勻之後，改用橡皮刮刀攪拌，調整質地（F）。

POINT
→ 將果泥和蛋黃等混合之後加熱至82℃，放涼之後再加入奶油，變成30～33℃之後才與鮮奶油混合等，在各個步驟中都要確認溫度。
→ 加入鮮奶油之後，要輕柔地攪拌，避免打發起泡。

開心果香緹鮮奶油

① 將鮮奶油、細砂糖、開心果醬放入缽盆中，以打蛋器攪拌至8～9分發。照片（**A**）為攪拌完畢的狀態。

~~~~~~

組合・最後潤飾

① 將SILPAT烘焙墊疊在鐵盤上，再將直徑5.5cm×高5cm的圓形圈模排列在上面。將桃子奶油醬填入裝有圓形擠花嘴的擠花袋中，擠入圓形圈模直到3.5cm的高度為止（**A**）。
② 將已經完全冷卻凝固的法國桃子奶油霜和凝凍從矽膠烤模中取出（**B**）。把凝凍的部分朝下，埋入①之中直到可以看見法國桃子奶油霜稍微露出來為止（**C**）。
③ 擠入少量的桃子奶油醬，直到可以將法國桃子奶油霜隱藏起來的程度（**D**）。
④ 將開心果彼士裘依蛋糕有烤色的那面朝下，疊在上面（**E**）。將鐵盤放在蛋糕上面往下壓，把表面弄平（**F**）。放入冷凍室中冷卻凝固。
⑤ 取下圓形圈模，使用巧克力噴槍在表面噴上白巧克力。將開心果香緹鮮奶油填入裝有星形擠花嘴的擠花袋中，以畫圓的方式擠在上面（**G**）。
⑥ 將已經弄碎的開心果撒在開心果香緹鮮奶油的上面，再將已經冷卻的法國桃子凝凍填入裝有圓形擠花嘴的擠花袋中，擠在中央。最後以切成一半的開心果裝飾（**H**）。

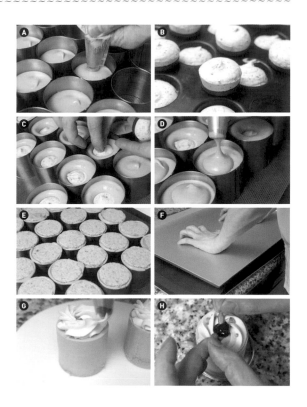

Pâtisserie
Yu Sasage

〜〜〜〜〜

4號塔

店主兼甜點師
捧 雄介先生

白巧克力 × 百香果 × 香蕉

以烤箱烘烤白巧克力，打造出令人想起焦糖或楓糖漿的獨特風味，
採用這種「烤巧克力」製作了這款小蛋糕。這是主打「烤巧克力」
魅力的第4號商品，以百香果和香蕉組合而成的塔。
頂端是有著焦香烤色的百香果希布斯特醬。底下的甜塔皮裡面，
則是使用烤巧克力製作的濃稠甘納許和炒過之後鮮味濃縮起來的香蕉相互交纏。
希布斯特醬、巧克力甘納許和香蕉的柔軟口感與甜塔皮的酥脆口感所形成的對比也令人印象深刻。

〔 **材料** 〕 使用模具：直徑7cm、高1.5cm的塔圈

▸甜塔皮
（約300個份）

低筋麵粉…1600g
杏仁粉…200g
糖粉…600g
鹽…16g
奶油…1120g
全蛋…320g
香草醬…15g

▸炒香蕉
（40個份）

香蕉（成熟）…8根
細砂糖…45g

▸烤巧克力
（40個份）

白巧克力
（可可巴芮「Blanc Satin」）…600g

▸烤巧克力甘納許
（40個份）

烤巧克力…由上記取出全量
鮮奶油（乳脂肪含量35%）…270g
牛奶…207g
加糖蛋黃（加入20%的糖）…54g

▸百香果希布斯特醬
（40個份）

蛋黃…35g
細砂糖A…65g
低筋麵粉…16g
百香果果泥…220g
明膠片…5g
細砂糖B…180g
水…50g
蛋白…122g

▸百香果糖霜
（容易製作的分量）

百香果果泥…400g
透明鏡面果膠…80g

▸組合・最後潤飾

烤巧克力*…適量
糖粉…適量

＊材料見左記。作法請參照次頁

① 百香果糖霜
② 百香果希布斯特醬
③ 烤巧克力甘納許
④ 炒香蕉
⑤ 甜塔皮

〔 **作法** 〕

甜塔皮
前置準備：粉類和鹽混合過篩／奶油和全蛋維持仍冰涼的狀態

① 將已經混合的粉類和鹽、冰涼的奶油放入缽盆中。以刮板將奶油切碎（**A**），變成1cm左右的小丁之後用手搓磨混合成乾鬆狀（**B**）。
② 將冰涼的全蛋和香草醬放入另一個缽盆中，以刮板攪拌。將它加入①之中，以刮板從底部翻起來攪拌。全體融合在一起之後，以刮板將麵團按壓在缽盆上，將麵團攏整成團（**C**）。覆上保鮮膜，在冷藏室中放置一個晚上。
③ 以擀麵棍等將②擀成1.5mm的厚度，再以壓模壓出直徑10.5cm的圓形（**D**）。

［ 步驟④以後在次頁↓ ］

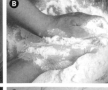

④ 將③鋪進直徑7cm×高1.5cm的塔圈中（），斜斜地切除多餘的麵皮，切口的內側要稍微高一點（**F**）。接著將指甲插入塔圈的邊緣和麵皮之間，沿著塔圈繞1圈（**G**）。
⑤ 將紙杯放入④之中，再放上重石（**H**），以165℃的旋風烤箱烘烤約25分鐘。取出重石和紙杯，暫時放置在室溫中放涼。

POINT
> 斜斜地切除多餘的麵皮，切口的內側要稍微高一點，接著將指甲插入塔圈的邊緣和麵皮之間，沿著塔圈繞1圈，這麼一來，烘烤完成時，塔皮的邊緣就會很平整。

炒香蕉

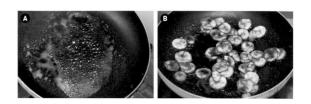

① 將香蕉切成厚3～5mm左右的圓形切片。
② 將細砂糖放入平底鍋中，以大火加熱焦糖化（**A**）。
③ 將①加入②之中，如照片（**B**）所示均勻地沾裹焦糖化後的細砂糖，接著移離爐火。倒在長方形淺盤中放涼。

烤巧克力

① 將白巧克力鋪開在烤盤上，以上火、下火皆為120℃的層次烤爐烘烤約1小時。中途分別在20分鐘之後和40分鐘之後從烤爐中取出，以橡皮刮刀攪拌。照片（**A**）為烤20分鐘之後進行作業時的樣子。
② 烘烤完成之後以橡皮刮刀集中在一起（**B**），放入冷藏室中冷卻凝固。

POINT
> 烘烤中途，從烤爐中取出2次攪拌，烤色就會變得均勻。

烤巧克力甘納許

① 將烤巧克力大略切碎或削碎，放入缽盆中（**A**）。
② 將鮮奶油和牛奶放入鍋子中，加熱煮沸。
③ 將加糖蛋黃放入另一個缽盆中，加入②之後以打蛋器混合攪拌（**B**）。將它倒回②的鍋子中，以小火加熱，一邊不停地攪拌一邊加熱至83℃為止。
④ 將③以網篩過濾，加入①之中（**C**），以打蛋器攪拌至烤巧克力融化，全體變成均勻的狀態為止。將缽盆的底部墊著冰水，一邊以橡皮刮刀攪拌一邊冷卻至20℃左右為止（**D**）。

百香果希布斯特醬

前置準備：明膠片以冷水泡軟

① 將蛋黃和細砂糖A放入缽盆中，以打蛋器研磨攪拌，加入低筋麵粉之後慢慢攪拌，避免過度出筋（**A**）。

② 將百香果果泥放入鍋子中，以火加熱。沸騰之後加入①的缽盆中，全體融合在一起之後倒回鍋子中，以小火加熱，一邊不停地攪拌一邊加熱至咕嚕咕嚕地冒出大氣泡為止（**B**）。以這個分量來說，加熱時間需2～3分鐘左右。

③ 移離爐火，加入已經泡軟的明膠片攪拌溶勻。以網篩過濾，移入缽盆中（**C**）。

④ 將9成分量的細砂糖B和水放入鍋子中，然後開火加熱至116℃為止（**D**）。

⑤ 將蛋白放入攪拌盆中，用攪拌機以高速攪拌。中途投入剩餘的細砂糖B。打發至某個程度之後，一邊逐次少量地加入④一邊攪拌，充分打發起泡（**E**）。

⑥ 趁③還溫熱的時候，加入一部分的⑤，以橡皮刮刀攪拌（**F**），充分拌勻之後，加入剩餘的⑤，為了避免弄碎氣泡，以從缽盆底部舀起的方式迅速攪拌（**G**）。

⑦ 將⑥填入裝有口徑1cm星形擠花嘴的擠花袋中，在透明膠片上擠出直徑7cm的圓形擠花（**H**）。放入冷凍室中冷卻凝固。

POINT
→ 在步驟⑤的階段先充分打發起泡的話，就可以做出容易擠花的硬度。

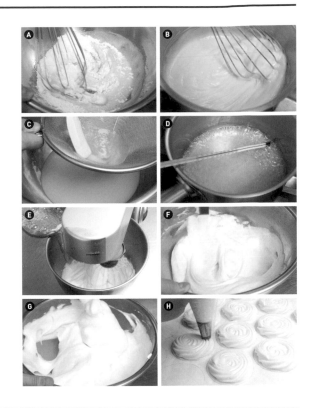

百香果糖霜

① 將百香果果泥和透明鏡面果膠放入鍋子中，以火加熱，一邊攪拌一邊加熱至40℃為止。

組合・最後潤飾

① 將3～4片左右的炒香蕉鋪滿甜塔皮中（**A**），再以麵糊分配器注入烤巧克力甘納許直到塔皮邊緣為止（**B**）。放入冷凍室中冷卻凝固。

② 以瓦斯噴槍炙烤百香果希布斯特醬擠花，將它烤上色（**C**）。把網架疊在鐵盤上，放上烤好的擠花，再淋上百香果糖霜。以抹刀將糖霜抹開在全體上，讓多餘的糖霜滴下來（**D**）。

③ 將②疊放在①的上面，以刀子削碎烤巧克力撒在上面（**E**）。以小濾網將糖粉篩撒在邊緣（**F**）。

Pâtisserie
PARTAGE

~~~~~~

覆盆子蒙特利馬蛋糕

店主兼甜點師
齋藤由季女士

蜂蜜 × 覆盆子 × 柳橙

把拌入水果乾和堅果，並且以大量蜂蜜製作的法式甜點「蒙特利馬蛋糕」，
改用在東京・玉川學園本地採收的百花蜜「松香蜂蜜」製作而成。
加入覆盆子果泥也是變化款的製作重點。藉由隱約的酸味表現清爽感，
同時也呈現出可愛的外觀。包覆在中間的柳橙芭芭露亞，
它的柑橘風味也讓味道更鮮明。水果乾和堅果的多樣口感為蛋糕增添風味。
「我注重的是，要把擔任主角的素材好好地呈現出來。這款甜點是以蜂蜜為主角。
搭配風味會隨著季節變化的百花蜜，展開各種不同的變化也很有趣。」（齋藤由季女士）

〔 **材料** 〕 使用模具：直徑5.5cm、高4.5cm的圓形圈模

▸達克瓦茲彼士裘依蛋糕
（容易製作的分量・60×40cm的烤盤1盤份）

蛋白…375g
細砂糖…112g
杏仁粉…280g
低筋麵粉…56g
糖粉…281g

▸柳橙芭芭露亞
（20個份）

蛋黃…30g
蜂蜜…73g
柳橙果泥…100g
明膠片…3.1g
發泡鮮奶油*…73g

＊將鮮奶油（乳脂肪含量35%）打至6～7分發

▸蒙特利馬鮮奶油霜
（9個份）

牛奶…150g
覆盆子果泥…50g
蛋黃…93g
低筋麵粉…10g
蜂蜜A…30g
色素（紅）A…適量
明膠片…6g
蜂蜜B…5g
蜂蜜C…50g
蛋白…50g
色素（紅）B…適量
發泡鮮奶油*…100g

＊將鮮奶油（乳脂肪含量35%）打至6～7分發

▸配料
（9個份）

酒漬櫻桃（紅）…12g
酒漬櫻桃（綠）…12g
糖漬柳橙…50g
白橙皮酒（Triple Sec）…15g

▸組合・最後潤飾

酒漬櫻桃（綠）…適量
酒漬櫻桃（紅）…適量
糖漬柳橙…適量
烘烤過的杏仁（帶皮）…適量
烘烤過的開心果…適量
透明鏡面果膠…適量

①配料
②蒙特利馬鮮奶油霜
③柳橙芭芭露亞
④達克瓦茲彼士裘依蛋糕

〔 **作法** 〕

達克瓦茲彼士裘依蛋糕
前置準備：將蛋白維持冰涼／杏仁粉、低筋麵粉、糖粉混合過篩

① 將冰涼的蛋白放入攪拌盆中，加入細砂糖後用攪拌機以中速攪拌（**A**）。如照片（**B**）所示，攪拌至舀起時有彎角下垂的程度。

② 將①移入缽盆中，一邊加入已經混合的粉類一邊用橡皮刮刀以從底部舀起的方式迅速翻拌，以免弄碎氣泡。

③ 將②倒入鋪有烘焙紙的60×40cm烤盤中，以抹刀推開抹平（**C**）。以手指拭除附著在烤盤邊緣的麵糊。

④ 以185℃的旋風烤箱烘烤10～13分鐘。以手指輕輕按壓蛋糕體，如果感覺有回彈的彈性就是烘烤完成了（**D**）。立刻從烤盤中取出，暫時放置在室溫中放涼。以壓模壓出直徑4.5cm的圓形。

POINT

→ 細砂糖的分量少的話，氣泡不易穩定，所以要將細砂糖一口氣加入蛋白中打發起泡。

→ 預先拭除附著在烤盤邊緣的麵糊，烘烤完成後就很容易從烤盤中取出。

柳橙芭芭露亞

前置準備：將蛋黃打散／明膠片以冷水泡軟

① 將已經打散的蛋黃放入缽盆中，加入蜂蜜之後以打蛋器研磨攪拌（**Ⓐ**）。

② 將柳橙果泥放入鍋子中，以火加熱至液面的邊緣開始有小氣泡冒出時即可移離爐火。

③ 將①的缽盆以小火加熱，加入②攪拌（**Ⓑ**）。打蛋器抵著缽盆的底部不停地攪拌，同時加熱至變成濃稠的質感為止（**Ⓒ**），變成82℃之後即可移離爐火。

④ 改用手持式攪拌棒攪拌，全體變得更加滑順之後加入已經泡軟的明膠片，以橡皮刮刀攪拌溶勻。

⑤ 以網篩過濾，移入另一個缽盆中，底部墊著冰水，一邊攪拌一邊冷卻。攪拌成如照片（**Ⓓ**）所示，以橡皮刮刀舀起時，會立刻落下的軟硬度。完成時的溫度以17～18℃為準。

⑥ 加入半量的發泡鮮奶油，以打蛋器攪拌。攪拌至某個程度之後，加入剩餘的發泡鮮奶油，以打蛋器攪拌。攪拌至某個程度之後，改用橡皮刮刀大幅度地翻拌至完全均勻（**Ⓔ**）。

⑦ 倒入鋪有透明膠片的長方形淺盤中，以刮板等推薄成2cm的厚度，刮平，然後放入冷藏室中冷卻凝固（**Ⓕ**）。最後分切成3cm的方塊。

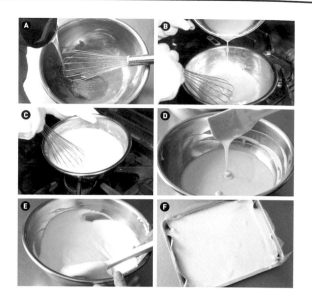

蒙特利馬鮮奶油霜

前置準備：將蛋黃打散／明膠片以冷水泡軟

① 將牛奶倒入鍋子中，以火加熱至牛奶的邊緣開始冒出氣泡為止。在進行這項作業時，同時將覆盆子果泥放入另一個鍋子中以火加熱，一邊以橡皮刮刀攪拌一邊加熱。

② 將打散的蛋黃、低筋麵粉、蜂蜜A放入缽盆中，以打蛋器研磨攪拌（**Ⓐ**）。加入①的覆盆子果泥攪拌，再倒回原本盛裝覆盆子果泥的鍋子中。

③ 依照順序將①的牛奶、色素（紅）A加入②之中，一邊以打蛋器攪拌一邊熬煮（**Ⓑ**）。煮至沒有黏性，出現光澤時就完成了（**Ⓒ**）。

④ 加入已經泡軟的明膠片攪拌溶勻，以網篩過濾，接著移入缽盆中（**Ⓓ**）。底部墊著冰水冷卻，加入蜂蜜B攪拌。

⑤ 將蜂蜜C倒入鍋子中，以火加熱至118℃為止（**Ⓔ**）。

⑥ 將蛋白放入攪拌盆中，用攪拌機以高速攪拌。一邊攪拌一邊逐次少量地加入⑤，繼續攪拌至舀起時會有尖角挺立的硬度。在快要完成之前加入色素（紅）B。照片（**Ⓕ**）為完成的狀態。

⑦ 將半量的發泡鮮奶油加入④之中，以打蛋器充分攪拌，再加入剩餘的發泡鮮奶油輕輕攪拌。加入⑥，輕輕攪拌。

POINT

→ 冷卻之後才加入蜂蜜B，可以防止蜂蜜的風味消失。

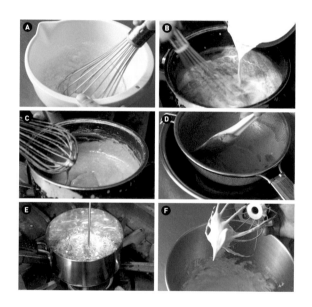

配料

① 將2種酒漬櫻桃和糖漬柳橙細細切碎，放入缽盆中，加入白橙皮酒攪拌（Ⓐ）。

~~~~~~

組合・最後潤飾

① 將配料加入蒙特利馬鮮奶油霜中，以橡皮刮刀大幅度翻拌，避免弄碎氣泡（Ⓐ）。

② 將2種酒漬櫻桃、糖漬柳橙、烘烤過的杏仁和開心果大略切碎。

③ 將直徑5.5cm×高4.5cm的圓形圈模排列在鋪有透明膠片的長方形淺盤中，再將②錯落有致地放入圓形圈模中。

④ 將①填入裝有圓形擠花嘴的擠花袋中，擠入③的圓形圈模中直到8分滿的高度（Ⓑ）。

⑤ 以湯匙的背面將④的圓形圈模中的鮮奶油霜推薄至圈模的邊緣，凹陷成研磨缽的樣子（Ⓒ）。將柳橙芭芭露亞放入做好的凹洞中，以手指輕輕按壓，讓它陷下去（Ⓓ）。

⑥ 再次擠入①直到可以掩蓋柳橙芭芭露亞的程度，然後以湯匙的背面抹平表面。將達克瓦茲彼士裘依蛋糕有烤色的那面朝下，疊在上面，用手按壓（Ⓔ）。放入冷凍室中冷卻凝固。

⑦ 取下圓形圈模，將達克瓦茲彼士裘依蛋糕朝下，放在疊著網架的長方形淺盤中。淋上透明鏡面果膠，再以抹刀抹平表面（Ⓕ）。

Libertable

~~~~~~

青空

店主兼甜點師
森田一賴先生

檸檬 × 香檸檬

森田先生說「這是以發揮香檸檬特色的小蛋糕為構想」所開發出的一款甜點。
選擇同為柑橘類的檸檬，作為香檸檬的搭檔。將使用檸檬製作的經典甜點檸檬塔改造得更加時髦。
以香檸檬蛋白霜包覆香檸檬和檸檬的奶油醬，
做成圓胖可愛的外形。將檸檬凝凍暗藏在奶油醬的中間，
釋放出刺激的酸味。在作為底座的甜塔皮中也費了一番心思。
在小豆蔻風味的籠罩下，將全體統合成高雅的感覺。
底座和奶油醬之間夾入薄薄一層巧克力榛果脆片，也增添了酥脆的口感。

〔 **材料** 〕 使用模具：直徑5.5cm、高3.5cm的圓形圈模

▸小豆蔻風味甜塔皮
（20個份）

奶油⋯150g
糖粉⋯100g
蛋黃⋯40g
牛奶⋯15g
低筋麵粉⋯250g
小豆蔻粉⋯5g

▸檸檬凝凍
（20個份）

檸檬汁⋯175g
明膠片⋯7.5g
細砂糖⋯75g
檸檬皮⋯1又1/2個份

▸榛果果仁醬
（容易製作的分量）

細砂糖⋯1000g
水⋯250g
榛果⋯1000g

▸巧克力榛果脆片
（20個份）

占度亞巧克力
（Peyrano「Giandujotti Antico」）⋯150g
榛果果仁糖⋯由上記取出50g
法式薄餅脆片（feuillantine）⋯100g

▸香檸檬和檸檬的奶油醬
（20個份）

香檸檬果泥⋯250g
檸檬汁⋯250g
檸檬皮⋯5個份
全蛋⋯800g
細砂糖⋯300g
明膠片⋯12g
奶油⋯300g
香檸檬油⋯7滴

▸香檸檬蛋白霜
（20個份）

細砂糖⋯175g
水⋯50g
蛋白⋯100g
香檸檬油⋯2滴

▸糖漬檸檬皮
（容易製作的分量）

檸檬皮⋯適量
水⋯適量
細砂糖⋯適量

▸組合・最後潤飾

糖粉⋯適量

① 糖漬檸檬皮
② 香檸檬蛋白霜
③ 香檸檬和檸檬的奶油醬
④ 檸檬凝凍
⑤ 巧克力榛果脆片
⑥ 小豆蔻風味甜塔皮

〔 **作法** 〕

小豆蔻風味甜塔皮
前置準備：奶油恢復至室溫

① 將奶油和糖粉放入攪拌盆中，以中速將全體攪拌至融合為止。依照順序加入蛋黃、牛奶、低筋麵粉、小豆蔻粉，攪拌至沒有粉粒為止。覆上保鮮膜，在冷藏室中放置一個晚上。

② 以擀麵棍等擀成3mm的厚度，再以壓模壓出直徑6.5cm的圓形。以170℃的旋風烤箱烘烤13～14分鐘。照片（Ⓐ）中，左為烘烤前，右為烘烤後。暫時放置在室溫中放涼。

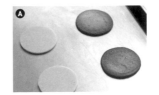

檸檬凝凍

前置準備：明膠片以冷水泡軟／將檸檬皮磨碎

① 將一部分的檸檬汁倒入鍋子中，以火加熱。在快要沸騰前移離爐火，加入已經泡軟的明膠片攪拌溶勻。加入剩餘的檸檬汁、細砂糖、磨碎的檸檬皮攪拌。
② 以麵糊分配器將①注入直徑3cm的半球形矽膠烤模中（**A**），放入冷凍室中冷卻凝固。

榛果果仁醬

① 將細砂糖和水放入鍋子中，以火加熱至120℃之後移離爐火。
② 將榛果加入①之中攪拌，再次以火加熱。待榛果焦糖化之後，倒入長方形淺盤中放涼，攪散。

③ 將②移入攪拌機中，攪拌至變成糊狀。

巧克力榛果脆片

① 將占度亞巧克力和榛果果仁醬放入鍋子中，隔水加熱融化。融化之後移離熱水。
② 將法式薄餅脆片加入①之中，以橡皮刮刀攪拌至全體融合在一起的程度（**A**）。如果法式薄餅脆片是很大的塊狀，最好用手輕輕弄碎之後再加入。
③ 將②倒在40×30cm的長方形淺盤中，用抹刀以用力磨擦的方式壓碎法式薄餅脆片，直到變得滑順為止（**B**）。變得滑順之後鋪滿至長方形淺盤的四個邊角，抹平（**C**）。

香檸檬和檸檬的奶油醬

前置準備：將檸檬皮磨碎／全蛋恢復至室溫／明膠片以冷水泡軟／奶油切成小丁

① 將香檸檬果泥、檸檬汁、磨碎的檸檬皮放入鍋子中，以大火加熱煮沸（**A**）。沸騰之後，調整成80～90℃。
② 將全蛋放入缽盆中打散成蛋液，加入細砂糖之後以打蛋器攪拌至全體融合在一起的程度。將①分成2次加入攪拌（**B**）。
③ 將②的缽盆以小火～中火加熱，為了避免形成結塊，一邊以打蛋器不停地攪拌，一邊加熱6～7分鐘左右（**C**）。全體變得滑順，攪拌時仍帶有黏性時移離爐火。加入已經泡軟的明膠片攪拌溶勻（**D**）。
④ 將③移入有深度的缽盆中，底部墊著冰水，一邊以橡皮刮刀攪拌一邊冷卻至35～40℃為止（**E**）。

⑤ 加入切成小丁的奶油，以手持式攪拌棒攪拌至全體變成均勻的狀態為止（**F**）。
⑥ 加入香檸檬油，以橡皮刮刀混合攪拌（**G**）。

POINT
→ 在步驟①中，長時間以火加熱的話，素材的酸味會消失，所以以大火盡量在短時間之內煮沸。
→ 在步驟③中，以小火～中火加熱5分鐘左右的話就能達到充分加熱的效果，等整體咕嚕咕嚕地冒出氣泡，變得濃稠時再加熱1～2分鐘，全體就會變成滑順的狀態。

香檸檬蛋白霜

① 將細砂糖和水放入鍋子中，加熱至116℃為止。
② 將蛋白放入攪拌盆中，以攪拌機打至6～7分發。一邊加入①一邊繼續攪拌（**A**），最後以低速攪拌，調整質地。
③ 加入香檸檬油（**B**），以橡皮刮刀混合攪拌。

POINT
→ 在步驟①中製作完成的糖漿，趁熱與打發的蛋白混合在一起。糖漿的溫度一低就做不出膨鬆的蛋白霜，請留意。
→ 為了善加利用香檸檬蛋白霜剛完成時的膨鬆感，最好在組合，最後潤飾的步驟①和②完成之後的時間點製作香檸檬蛋白霜。

糖漬檸檬皮

① 將檸檬皮切成帶狀，與足量的水一起放入鍋子中，以火加熱，一邊逐次少量地加入細砂糖，一邊將檸檬皮煮至變軟為止。

組合・最後潤飾

① 將直徑5.5cm×高3.5cm的圓形圈模排列在長方形淺盤中已經完成的巧克力榛果脆片上面。使用長方形淺盤等從上方按壓圓形圈模，將巧克力榛果脆片壓成圓形，套在圓形圈模中（**A**）。
② 將香檸檬和檸檬的奶油醬填入裝有圓形擠花嘴的擠花袋中，在①的圓形圈模中擠出3cm的厚度。將檸檬凝凍埋入其中，直到可以稍微看到上面的程度。
③ 擠入香檸檬和檸檬的奶油醬直到可以掩蓋檸檬凝凍的程度（**B**），放入冷凍室中冷卻凝固。
④ 取下③的圓形圈模，以叉子插入巧克力榛果脆片的那面（**C**）。將它放入裝在攪拌盆裡的香檸檬蛋白霜中再拿起來，讓表面裹滿香檸檬蛋白霜（**D**）。
⑤ 以手指拭除附著在邊緣的香檸檬蛋白霜，調整形狀（**E**），然後拔出叉子，放在小豆蔻風味甜塔皮的上面。
⑥ 以瓦斯噴槍炙烤香檸檬蛋白霜，再將糖漬檸檬皮切絲之後裝飾在上面。最後撒上糖粉。

POINT
→ 放入香檸檬蛋白霜中時，轉動叉子再拿出來，就可以裹滿大量的香檸檬蛋白霜。

Pâtisserie
Rechercher

~~~~~~

東方

店主兼甜點師
村田義武先生

紅茶 × 白巧克力 × 黑醋栗

在使用紅茶（伯爵紅茶）和白巧克力製作的、濃郁溫潤的慕斯，
以及慢慢熬煮將味道濃縮起來的黑醋栗果醬之間，
夾著加入了大量奶油製成的黑醋栗奶油醬是製作的重點。
「將香氣清爽、味道溫潤的白巧克力紅茶慕斯，與味道、酸味
都十分強烈的黑醋栗果醬，以口感滑順的黑醋栗奶油醬結合在一起，
所以各個部分在口中不會互相衝突，味道非常協調。」村田義武先生說道。
以黑醋栗果醬和奶酥裝飾，呈現出高雅又可愛的外觀。

〔 材料 〕 使用模具：直徑6.5cm、高2cm的圓形圈模以及直徑7cm、高2cm的塔圈

▸甜塔皮
（50個份）

發酵奶油…450g
鹽…4g
糖粉…337g
香草糖…適量
低筋麵粉…656g
法國麵包用粉…225g
杏仁粉…130g
全蛋…187g
增添光澤用的蛋液*…適量
＊將相同比例的蛋黃和水混合

▸黑醋栗果醬
（50個份）

黑醋栗果泥…560g
細砂糖…200g
果膠…10g
檸檬汁…60g
黑醋栗利口酒…25g

▸黑醋栗奶油醬
（50個份）

黑醋栗果泥…500g
細砂糖…400g
奶油…500g
全蛋…500g

▸白巧克力紅茶慕斯
（50個份）

紅茶茶葉（伯爵紅茶）…10g
蛋黃…128g
細砂糖…47g
牛奶A…317g
牛奶B…適量
明膠片…14g
白巧克力
（大東可可「SUPÉRIEURE SOIE BLANC」）…317g
鮮奶油（乳脂肪含量35%）…800g

▸紅茶糖霜
（容易製作的分量）

紅茶茶葉（伯爵紅茶）…5g
鮮奶油A（乳脂肪含量35%）…200g
鮮奶油B（乳脂肪含量35%）…適量
明膠片…8g
白巧克力
（大東可可「SUPÉRIEURE SOIE BLANC」）…375g
透明鏡面果膠…150g
水…25g

▸紅茶奶酥
（容易製作的分量）

發酵奶油…450g
糖粉…450g
杏仁粉…450g
低筋麵粉…656g
紅茶茶葉（伯爵紅茶）…10g

▸組合．最後潤飾

黑醋栗果醬*…適量
＊材料見左記。作法請參照次頁

① 黑醋栗果醬
② 紅茶糖霜
③ 白巧克力紅茶慕斯
④ 紅茶奶酥
⑤ 黑醋栗奶油醬
⑥ 甜塔皮

〔 作法 〕

甜塔皮
前置準備：全蛋打散成蛋液

① 將全蛋和增添光澤用的蛋液以外的材料放入攪拌盆中，用攪拌機以中速攪拌。全體融合之後，一點一點地加入打散成蛋液的全蛋，同時攪拌。變成滑順的狀態之後，取出放在作業台上，成形為四角形，以保鮮膜包覆，在冷藏室中放置一個晚上。

② 以擀麵棍等將①擀成2.5mm的厚度，再以壓模壓出直徑12cm的圓形。將它鋪進直徑7cm×高2cm的塔圈中，切除多餘的麵皮，在冷藏室中放置1小時。

③ 將烘焙紙鋪進②之中，放上重石。以160℃的旋風烤箱烘烤約25分鐘。接著取出塔皮，在內側塗上一層增添光澤用的蛋液，再放回160℃的旋風烤箱中烘烤約5分鐘，接著取出放置在室溫中放涼。

POINT
→ 將增添光澤用的蛋液塗在塔皮上，就會形成一層膜覆蓋在塔皮上，可以防止果醬等的水分滲入塔皮中。

黑醋栗果醬

前置準備：將細砂糖和果膠混合

① 將黑醋栗果泥倒入銅缽盆中以中火加熱，加入半量已經混合的細砂糖和果膠以及檸檬汁，一邊以打蛋器攪拌一邊熱煮（**A**）。

② 如照片（**B**）所示，冒出氣泡，沸騰之後，加入剩餘的細砂糖和果膠，繼續熱煮。熱煮完成的標準是如照片（**C**）所示，以食指和拇指捏取少量果醬，張開手指時變成具有延展性的黏稠狀態。

③ 關火，加入黑醋栗利口酒混合。攤平在長方形淺盤中（**D**），以保鮮膜緊密貼合，放入冷藏室中冷卻凝固。

POINT

→ 如果一口氣加入細砂糖和果膠，很容易煮焦，顏色會變得不好看。分成2次加入的話，可以保持黑醋栗鮮豔的顏色。

黑醋栗奶油醬

① 將黑醋栗果泥和半量的細砂糖放入缽盆中混合。將它移入銅缽盆中，加入奶油之後以中火加熱（**A**）。

② 將剩餘的細砂糖和全蛋放入另一個缽盆中，以打蛋器研磨攪拌。

③ 待①的奶油融化之後，將②以網篩過濾，加入其中，一邊以打蛋器不停地攪拌，一邊烹煮。沸騰之後，再煮1～2分鐘，然後移離爐火。

④ 將③移入有高度的容器中，以手持式攪拌棒攪拌至整體變得滑順為止（**B**）。移入長方形淺盤中放涼之後，放入冷藏室中冷卻。

白巧克力紅茶慕斯

前置準備：明膠片以冰水泡軟／將白巧克力融化／鮮奶油打至7分發

① 將紅茶茶葉放入缽盆中，加入可以淹過茶葉的水量（分量外，以茶葉的3～6倍分量為準），在冷藏室中放置一個晚上。

② 將蛋黃和細砂糖放入另一個缽盆中，以打蛋器研磨攪拌至顏色泛白為止。

③ 將牛奶A倒入鍋中，加入①的已經吸收水分的茶葉和殘留在缽盆中的茶汁，以中火加熱。沸騰後關火，蓋上鍋蓋燜5分鐘（**A**）。以網篩過濾之後計量重量（**B**），追加牛奶B調整成317g。

④ 將②和③倒入鍋子中，以打蛋器混合攪拌之後以中火加熱。一邊以打蛋器不停地攪拌一邊烹煮，煮至變成80℃時移離爐火。加入已經泡軟的明膠片（**C**），以橡皮刮刀攪拌溶勻。

⑤ 將已經融化的白巧克力放入缽盆中，再將④以網篩過濾加入其中，以手持式攪拌棒攪拌至變得滑順為止。底部墊著冰水，一邊以橡皮刮刀靜靜地攪拌一邊冷卻至20℃為止（**D**）。

⑥ 將打至7分發的鮮奶油放入另一個缽盆中，加入少量的⑤以橡皮刮刀攪拌，全體融合之後再加入剩餘的⑤攪拌（**E**）。

⑦ 將⑥填入擠花袋中，擠成直徑6.5cm×高2cm的圓形圈模中，擠滿至圈模的邊緣（**F**）。放入冷凍室中冷卻凝固。

POINT

→ 在步驟④～⑥之中，每個步驟的製作重點在於使用橡皮刮刀攪拌時，盡可能不要攪拌出氣泡，就能做出滑順的慕斯。

紅茶糖霜

前置準備：明膠片以冷水泡軟／將白巧克力融化

① 將紅茶茶葉放入缽盆中，加入可以淹過茶葉的水量（分量外，以茶葉的3～6倍分量為準），在冷藏室中放置一個晚上。

② 將鮮奶油A倒入鍋子中，加入①的已經吸收水分的茶葉和殘留在缽盆中的茶汁，以中火加熱。沸騰之後關火，蓋上鍋蓋燜5分鐘。以網篩過濾之後，追加鮮奶油B調整成200g。趁熱將已經泡軟的明膠片加入其中攪拌溶勻。

③ 將已經融化的白巧克力放入缽盆中，再將②以網篩過濾加入其中攪拌。

④ 將透明鏡面果膠和水放入鍋子中，以中火加熱，待透明鏡面果膠溶化之後關火，加入③。以手持式攪拌棒攪拌至變得滑順為止，在冷藏室中放置一個晚上。照片（**Ⓐ**）為已經放置一個晚上的糖霜。

紅茶奶酥

前置準備：將紅茶的茶葉細細切碎

① 將全部的材料放入攪拌盆中攪拌，大略拌勻之後以網孔較大的網篩過濾成乾鬆的狀態。經過冷凍之後，以160℃的旋風烤箱烘烤約25分鐘。在室溫中放涼（**Ⓐ**）。

組合・最後潤飾

① 將黑醋栗果醬填入裝有圓形擠花嘴的擠花袋中，然後在盲烤過的甜塔皮中各擠入15g，擠成漩渦狀（**Ⓐ**）。

② 將黑醋栗奶油醬填入裝有圓形擠花嘴的擠花袋中，擠滿至甜塔皮的邊緣（**Ⓑ**）。表面以抹刀抹平（**Ⓒ**），放入冷凍室中冷卻凝固。

③ 將白巧克力紅茶慕斯從圓形圈模中脫模之後，放在疊上網架的鐵盤中，淋上紅茶糖霜（**Ⓓ**）。以抹刀抹平，讓多餘的糖霜流下來（**Ⓔ**）。

④ 將③疊放在②的上面（**Ⓕ**），將紅茶奶酥黏在慕斯的周圍（**Ⓖ**）。

⑤ 以圓錐形擠花袋將黑醋栗果醬擠在上面，擠成水珠的樣子（**Ⓗ**）。

acidracines

~~~~~~

開心果檸檬塔

店主兼甜點師
橋本 太先生

檸檬 × 開心果

「我是因應當時的流行，才研發出這一道甜點。」橋本太先生說道。
上層是充滿香氣的組合，下層則是油脂成分多、味道濃厚的配料，再與能增添風味的食材組合在一起，
這似乎是開發出「開心果檸檬塔」那個時期的流行熱潮。
關於上層的檸檬慕斯，橋本先生說：「如果只有檸檬的話感覺香氣太微弱。」
加入小豆蔻之後，香氣顯著地擴散開來。
下層是以全都做成開心果風味的奶油霜和內餡為主，中間同時夾有帶皮檸檬果醬和開心果增添風味。
這是一款在沉穩恬靜的外表下，隱藏著層次分明的味道，且香氣、口感都十分出色的法式小蛋糕。

〔 **材料** 〕使用模具：直徑7cm、高1cm的塔圈

▸甜塔皮
（約20個份）

奶油…158g
糖粉…95g
全蛋…37.8g
杏仁粉…25.2g
低筋麵粉…210g
泡打粉…1g

▸開心果內餡
（容易製作的分量）

全蛋…120g
細砂糖…145g
酸奶油…50g
開心果醬…10g
白巧克力（法芙娜「歐帕莉絲」）…30g
開心果粉…100g
卡士達粉…3g
鮮奶油（乳脂肪含量35%）…100g
杏仁利口酒…10g

▸小豆蔻風味檸檬慕斯
（39個份）

檸檬果泥…255g
水…135g
牛奶…150g
檸檬皮…1個份
小豆蔻…19顆
蛋黃…135g
細砂糖…282g
低筋麵粉…10.8g
明膠片…20g
鮮奶油（乳脂肪含量35%）…594g
義大利蛋白霜（P.173）…176g

▸開心果奶油霜
（12個份）

開心果醬…20g
奶油霜（P.173）…100g
卡士達醬（P.173）…50g

▸帶皮檸檬果醬
（容易製作的分量）

檸檬…3個
檸檬果泥…適量
水…200g
檸檬汁…20g
細砂糖…450g
果膠…18g

▸組合・最後潤飾

開心果…適量
噴槍用巧克力（P.173）…適量

① 開心果
② 小豆蔻風味檸檬慕斯
③ 開心果奶油霜
④ 帶皮檸檬果醬&開心果
⑤ 開心果內餡
⑥ 甜塔皮

〔 **作法** 〕

甜塔皮
前置準備：奶油攪拌成髮蠟狀／低筋麵粉和泡打粉混合過篩

① 將攪拌成髮蠟狀的奶油和糖粉放入攪拌盆中，用攪拌機以低速攪拌至沒有粉粒為止。切換成中速，攪拌至全體泛白為止。
② 切換回低速，加入全蛋之後攪拌至變成均勻的狀態為止。中途停止攪拌，以橡皮刮刀將還未拌入的蛋液壓至缽盆的底部（Ⓐ）。
③ 依照順序加入杏仁粉、已經混合的低筋麵粉和泡打粉，每次加入時要以低速攪拌數十秒。在這個時候不需要充分混合。照片（Ⓑ）為攪拌完畢的狀態。

［步驟④以後在次頁↓］

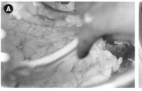 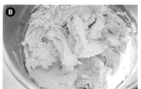

④ 以刮板攪拌至沒有結塊為止。放在塑膠布上面，一邊整理成平坦的四角形一邊以塑膠布緊密包好（**C**）。在冷藏室中放置一個晚上。

⑤ 以擀麵棍等將④擀成1.5mm的厚度，再以壓模壓出直徑10cm左右的圓形。

⑥ 在直徑7cm×高1cm的塔圈內側薄薄地塗上奶油（分量外），將⑤鋪進塔圈中，切除多餘的麵皮（**D**）。鋪進烘焙紙，再放上重石（**E**）。以185℃的旋風烤箱烘烤約9分鐘。

⑦ 烘烤完成之後，在稍微溫熱的時候取出重石和烘焙紙，以金屬磨泥板將邊緣刨平（**F**）。

POINT
→ 在步驟2中，以橡皮刮刀將還未拌入的蛋液壓至缽盆的底部，就「很容易做出輕盈、酥脆的口感」（橋本先生）。

開心果內餡
前置準備：將白巧克力融化／開心果粉和卡士達粉混合過篩

① 將全蛋放入缽盆中以打蛋器打散成蛋液之後，再加入細砂糖研磨攪拌。

② 將酸奶油放入另一個缽盆中，加入少量的①之後以打蛋器攪拌（**A**）。將它倒回①的缽盆中（**B**），充分混合攪拌。

③ 將開心果醬放入另一個缽盆中，依照與②相同的要領與②混合（**C**&**D**）。接著將已經融化的白巧克力以相同的要領混合。

④ 依照順序加入已經混合的開心果粉和卡士達粉、鮮奶油、杏仁利口酒，每次加入時都要以打蛋器充分攪拌。覆上保鮮膜緊密貼合，在冷藏室中放置一個晚上。

POINT
→ 混合酸奶油和全蛋等的時候，為了防止攪拌不均勻或有結塊，所以要分成2次混合。

→ 開心果醬和白巧克力也特別容易形成結塊，請留意。

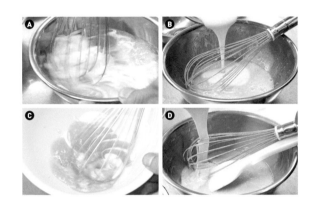

小豆蔻風味檸檬慕斯
前置準備：明膠片以冷水泡軟

① 將檸檬果泥、水、牛奶放入鍋子中，再將檸檬皮磨碎加入（**A**）。

② 將小豆蔻細細切碎（**B**），放入①的鍋子中開火加熱。

③ 將蛋黃和細砂糖放入缽盆中，以打蛋器研磨攪拌，再加入低筋麵粉攪拌。

④ 待②沸騰之後（**C**），將半量加入③的缽盆中以打蛋器攪拌。將它倒回②的鍋子中以火加熱，煮得「比英式蛋奶醬（Crème anglaise）稍微硬一點」（橋本先生）。照片（**D**）為烹煮完成的狀態。

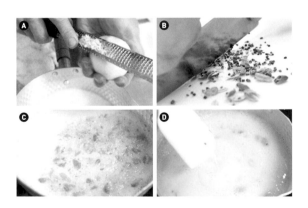

⑤ 將④移離爐火，加入已經泡軟的明膠片攪拌溶勻。以網篩過濾，
移入缽盆中（**E**），底部墊著冰水，一邊以橡皮刮刀攪拌一邊冷
卻至26℃為止。

⑥ 將鮮奶油放入另一個缽盆中，以打蛋器打至8～9分發，再將⑤分
成數次加入，每次加入時都要以打蛋器攪拌（**F**）。接著加入義
大利蛋白霜，改用橡皮刮刀充分混合攪拌。照片（**G**）為攪拌完
畢的狀態。

⑦ 將直徑7cm×高1cm的塔圈排列在鋪有透明膠片的鐵盤上，將⑥填
入擠花袋中，擠滿至塔圈的邊緣（**H**）。以湯匙的背面抹平。放
入冷凍室中冷卻凝固，取下塔圈之後以透明膠片圍住周圍，再次
放入冷凍室中保存。

POINT

→ 為了充分發揮檸檬和小豆蔻的風味，在快要使用之前才磨碎或是切碎。

→ 牛奶「在稍後才加入的話，慕斯的味道容易變淡」（橋本先生）。因
此，要在加熱檸檬果泥等的時候一起加入。

開心果奶油霜

① 將開心果醬、奶油霜、卡士達醬放入缽盆中，以打蛋器混合攪拌
（**A**&**B**）。

帶皮檸檬果醬

① 將檸檬分切成表皮、白皮層、果肉，把表皮和白皮層煮沸之後倒
掉熱水共4次。

② 將煮好的表皮和白皮層與果肉加在一起計量，追加檸檬果泥調整
成1000g。

③ 將②放入Robot Coupe食物調理機中，攪拌至稍微有顆粒殘留的
程度。

④ 將③移入鍋子中，加入水、檸檬汁、細砂糖、果膠，以火加熱，
煮至變成白利糖度52％為止。放涼之後，放入冷藏室中冷卻。照
片（**A**）為已經冷卻的狀態。

組合‧最後潤飾

① 開心果切成碎末（**A**）。

② 將開心果內餡裝入擠花袋中，然後在盲烤過的甜塔皮中各擠入
12g。各撒上5g的①（**B**），輕輕搖晃將它弄平。

③ 將②排列在烤盤中，以185℃的旋風烤箱烘烤約5分鐘，然後更換
烤盤的前後位置，再烘烤約5分鐘。放置在室溫中放涼。

④ 取下塔圈，各放上5g的帶皮檸檬果醬（**C**），並以湯匙的背面抹
平。

⑤ 在④的上面放上適量的開心果奶油霜，以抹刀抹平成符合甜塔皮
邊緣的高度（**D**）。

⑥ 以巧克力噴槍將白巧克力噴在小豆蔻風味檸檬慕斯的上面（**E**），
將那面朝上，然後疊在⑤的上面。取下慕斯周圍的透明膠片，然
後以圓錐形擠花袋將透明鏡面果膠（分量外）擠在慕斯的上面，
黏住開心果（**F**）。

POINT

→ 撒在開心果內餡上面的開心果，為了充分發揮其風味，在快要使用之前
才將購入的整顆生開心果切碎。

M-Boutique
OSAKA MARRIOTT
MIYAKO HOTEL

~~~~~~

普蘿芙茉

飲料部點心料理長
赤崎哲朗先生

檸檬 × 榛果

這是以「香氣」的義大利文Profumo取名的，是一款設計簡單又高雅的小蛋糕。
雖是以檸檬和榛果為主角的一款甜點，但是赤崎哲朗先生設計出的作品
並非只有展現個別香氣的魅力，而是「融合天然的香氣之後產生的嶄新香氣」。
上層的白色鮮奶油霜和下層的熱內亞麵包強調的是各自的榛果香氣，
放在中央的果醬則是彰顯檸檬和杏桃的香氣與酸甜的滋味。
但是同時含在嘴裡時，會有清爽又新鮮的第3種香氣擴散開來。
「打個比喻來說，就像是新鮮的百里香」——赤崎流的香氣魔術令品嘗者深深著迷。

〔 **材料** 〕 使用模具：口徑7cm、高2.3cm的薩瓦蘭蛋糕形矽膠烤模以及直徑7cm、高1.5cm的塔圈

▸ 榛果熱內亞麵包
（36個份）

榛果醬*（Lubeca）…536g
全蛋…338g
糖粉…123g
檸檬皮…2個份
低筋麵粉…139g
泡打粉…3.4g
奶油…165g
君度橙酒…82g

＊將生杏仁膏的杏仁置換成榛果的加工品

▸ 榛果白巧克力鮮奶油霜
（36個份）

鮮奶油A（乳脂肪含量36％）…312.5g
烘烤過的榛果（無皮）…100g
明膠片…10g
白巧克力（法芙娜「伊芙兒」）…375g
鮮奶油B（乳脂肪含量36％）…687.5g

▸ 檸檬杏桃果醬
（容易製作的分量）

檸檬…2個
細砂糖A…125g
杏桃（冷凍）…500g
細砂糖B…250g
可可脂…25g
君度橙酒…32g
烘烤過的榛果（無皮）…125g

▸ 君度橙酒糖漿
（容易製作的分量）

水…150g
細砂糖…75g
君度橙酒…50g

▸ 組合・最後潤飾

糖粉…適量
百里香（新鮮）…適量
烘烤過的榛果（無皮）…適量

① 百里香
② 烘烤過的榛果
③ 檸檬杏桃果醬
④ 榛果白巧克力鮮奶油霜
⑤ 榛果熱內亞麵包

~~~~~~

〔 **作法** 〕

榛果熱內亞麵包

前置準備： 將榛果醬加熱／將檸檬皮磨碎／低筋麵粉和泡打粉混合過篩／將奶油融化

① 將已經加熱的榛果醬和約半量的全蛋放入缽盆中，用手攪拌，攪散成團的榛果醬（**A**）。攪散至某個程度之後以打蛋器攪拌，全體融合之後加入糖粉攪拌（**B**），然後加入剩餘的全蛋攪拌。
② 將①隔水加熱，一邊以打蛋器攪拌一邊加熱至40℃為止（**C**）。
③ 將②移入攪拌盆中，用攪拌機以中速或高速攪拌，中途加入磨碎的檸檬皮。如照片（**D**）所示，攪拌至舀起時呈緞帶狀流下來的狀態就算攪拌完畢了。

［步驟④以後在次頁↓］

④ 將③移入缽盆之中，加入已經混合的低筋麵粉和泡打粉，以橡皮刮刀攪拌。全體融合之後，依照順序加入融化的奶油、君度橙酒（**E**），每次加入時都要以橡皮刮刀攪拌。

⑤ 在直徑7cm×高1.5cm的塔圈內側薄薄地塗上奶油（分量外），然後排列在鋪有SILPAT烘焙墊的烤盤中。將④填入擠花袋中，擠入塔圈中至7分滿的高度（**F**）。以上火220℃、下火200℃的層次烤爐烘烤15分鐘左右。烘烤完成之後取下塔圈，暫時放置在室溫中放涼。

POINT

→ 因為榛果醬有硬度，所以預先加熱使之軟化，再加入約半量的全蛋的話，一開始可以用手攪拌，將成團的榛果醬攪散。

→ 全蛋分成2次加入的話，全體就很容易融合在一起。

榛果白巧克力鮮奶油霜

前置準備：將烘烤過的榛果大略切碎／明膠片以冷水泡軟／將白巧克力融化

① 將鮮奶油A放入鍋子中，以火加熱煮沸。將烘烤過再切碎的榛果加入攪拌，移離爐火。在冷藏室中放置一個晚上。照片（**A**）為已經放置一個晚上的榛果鮮奶油。

② 將①的鍋子開火加熱，沸騰之後加入已經泡軟的明膠片，以橡皮刮刀攪拌溶勻。

③ 將已經融化的白巧克力放入缽盆中，再將②以網篩過濾加入其中（**B**）。一邊以橡皮刮刀攪拌一邊放涼，調整成35℃（**C**）。

④ 將鮮奶油B放入另一個缽盆中，以打蛋器打至6分發。將③加入其中（**D**），並以橡皮刮刀迅速攪拌。照片（**E**）為攪拌完畢的狀態。

⑤ 將④填入裝有圓形擠花嘴的擠花袋中，擠入口徑7cm×高2.3cm的薩瓦蘭蛋糕形矽膠烤模至9分滿的高度（**F**）。連同矽膠烤模一起輕輕搖晃，將表面弄平。

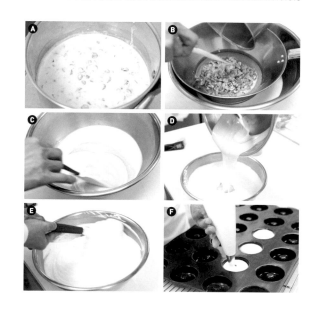

POINT

→ 將烘烤過的榛果加入煮沸的鮮奶油中，在冷藏室中放置一個晚上之後，榛果的香氣便會充分轉移至鮮奶油中。

→ 在步驟③中，以橡皮刮刀攪拌的時候，首先將橡皮刮刀抵住近身處的缽盆底部，一點一點地攪動，慢慢地擴大橡皮刮刀抵住缽盆底部的空間，就很容易攪拌均勻。

檸檬杏桃果醬

前置準備：將烘烤過的榛果大略切碎

① 檸去皮之後搾出果汁，分成表皮、果汁、白皮層。表皮切成2mm的小丁，煮沸之後倒掉熱水共3次（**A**）。

② 將①的檸檬白皮層和同量的水（分量外）放入另一個鍋子中，以火加熱，一邊以橡皮刮刀壓碎白皮層，一邊煮沸（**B**）。

③ 將①的果汁倒入另一個鍋子中，再將②的煮汁以網篩過濾之後加入（**C**）。接著加入①的檸檬皮和細砂糖A攪拌（**D**）。

④ 將③的鍋子以火加熱，沸騰之後加入杏桃。一邊以打蛋器輕輕壓
　碎杏桃一邊攪拌（**E**）。

⑤ 再次沸騰之後加入細砂糖B，一邊輕輕壓碎杏桃一邊攪拌。變成
　白利糖度55%之後移離爐火。

⑥ 加入可可脂攪拌（**F**），然後鋪開在長方形淺盤中放涼（**G**）。

⑦ 加入君度橙酒和烘烤過再切碎的榛果，以橡皮刮刀攪拌（**H**），
　然後覆上保鮮膜緊密貼合，放入冷藏室中保存。

POINT

→ 檸檬皮煮沸之後倒掉熱水，可以減輕澀味。

→ 以高溫・短時間的方式將白利糖度調整成目標值，就可以做出具有新鮮
　風味和果實感的果醬。

→ 加入可可脂，「味道會變得香醇，也能提高保形性」（赤崎先生）。

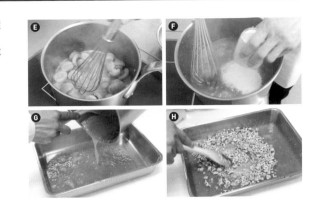

君度橙酒糖漿

① 將水和細砂糖放入鍋子中以火加熱，煮沸之後移離爐火。

② 放涼之後加入君度橙酒攪拌。

組合・最後潤飾

前置準備：將烘烤過的榛果切成一半

① 以刷子將君度橙酒糖漿塗抹在榛果熱內亞麵包有烤色的那面，將
　那面朝下，疊放在榛果白巧克力鮮奶油霜的上面（**A**）。放入急
　速冷卻機（Blast Chiller）中冷卻凝固（**B**）。

② 將①從矽膠烤模中脫模，以小濾網將糖粉篩撒在榛果熱內亞麵包
　的側面（**C**）。

③ 將檸檬杏桃果醬填滿中央的凹洞（**D**），以百里香和烘烤過再切
　成一半的榛果裝飾。

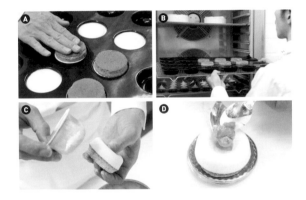

pâtisserie
VIVIenne

哥斯大黎加歌劇院蛋糕

店主兼甜點師
柾屋哲郎先生

巧克力 × 金柑 × 咖啡

將以哥斯大黎加產的可可豆的苦味突顯水果風味的巧克力甘納許，
與帶有清爽的苦味、酸酸甜甜的糖漬金柑組合在一起，形成一致的味道。
金柑是使用產自愛知‧碧南，採收後2天以內的、酸味強烈的果實，酸味和苦味都深具魅力。
為了避免金柑的印象太過強烈，要將巧克力甘納許和咖啡奶油霜這兩層
做得厚一點，再以拍塗在杏仁彼士裘依蛋糕上的浸潤用咖啡糖液帶出味道。
雖然外觀看起來是正統的蛋糕，但是以金箔點綴的糖漬金柑非常吸引目光。
積極地採用金柑之類在西式甜點中少用的素材這點，也是柾屋哲郎先生獨特的風格。

〔 **材料** 〕 使用模具：57×37㎝、高4㎝的方形框模（1模76個份）

‣杏仁彼士裘依蛋糕
（60×40㎝的烤盤3盤份・76個份）

杏仁（帶皮）…420g
糖粉…420g
低筋麵粉…112g
全蛋…700g
TRIMOLINE（轉化糖）…8g
法式蛋白霜（P.173）…426g
奶油…9g

‣咖啡奶油霜
（76個份）

加糖蛋黃（加入20%的糖）…167g
細砂糖A…83g
即溶咖啡粉…30g
細砂糖B…83g
牛奶…200g
濃縮咖啡精…50g
奶油…667g
義大利蛋白霜（P.173）…250g

‣巧克力甘納許
（76個份）

鮮奶油（乳脂肪含量35%）…500g
黑巧克力
（貝可拉「Noir Collection Costa Rica」／
可可含量65%）…500g
TRIMOLINE（轉化糖）…110g
奶油…90g

‣糖漬金柑
（容易製作的分量）

金柑…約500g
水…1150g
細砂糖…500g

‣浸潤用咖啡糖液
（76個份）

水…454g
細砂糖…316g
即溶咖啡粉…55g
柑曼怡香橙干邑甜酒…150g

‣組合・最後潤飾

巧克力鏡面淋醬…適量
金箔…適量
金粉…適量

① 糖漬金柑
② 巧克力鏡面淋醬
③ 咖啡奶油霜
④ 杏仁彼士裘依蛋糕
⑤ 巧克力甘納許

〔 **作法** 〕

杏仁彼士裘依蛋糕

前置準備：全蛋打散成蛋液／將奶油融化

① 將杏仁、糖粉、低筋麵粉放入Robot Coupe食物調理機中（Ⓐ），
打碎。照片（Ⓑ）為打碎之後。接著將之過篩。

② 將打散成蛋液的全蛋和轉化糖放入缽盆中，以小火加熱。一邊轉
動缽盆一邊以打蛋器攪拌，加熱至略低於40℃為止。

③ 將②移入攪拌盆中，加入①之後用攪拌機以高速攪拌約10分鐘。
待全體含有空氣，顏色泛白，舀起時變成呈緞帶狀流下來的軟硬
度時就完成了。

④ 加入法式蛋白霜，一邊轉動缽盆一邊用橡皮刮刀以從底部舀起的
方式大幅度翻拌（Ⓒ）。加入融化的奶油，攪拌至全體變成均勻
的狀態為止。

⑤ 在60×40㎝的烤盤3盤中鋪上烘焙紙，將④各倒入600g在烤盤
中。以抹刀推開之後，抹平。

⑥ 放入210℃的旋風烤箱中，立刻調降為195℃烘烤約6分鐘。烘烤
完成之後，立刻從烤盤中取出，暫時放置在室溫中放涼。移至作
業台上，放上57×37㎝的方形框模，將超出方形框模的多餘蛋糕
體切除（Ⓓ）。

咖啡奶油霜

前置準備：將即溶咖啡粉和細砂糖B混合／奶油攪拌成髮蠟狀

① 將加糖蛋黃和細砂糖A放入缽盆中，以打蛋器研磨攪拌。
② 將已經混合的即溶咖啡粉和細砂糖B分成2次加入①之中，每次加入時都要以打蛋器充分攪拌。
③ 將牛奶倒入銅缽盆中以火加熱，沸騰之後將約1/3的量加入②之中攪拌（**A**）。將它倒回銅缽盆中以小火加熱（**B**），一邊以橡皮刮刀抵著缽盆的底部攪拌，一邊煮至變成濃稠的狀態。變成82℃之後移離爐火（**C**）。
④ 將③以錐形過濾器過濾之後移入缽盆中，底部墊著冰水，一邊以橡皮刮刀攪拌一邊冷卻至40℃為止。加入濃縮咖啡精攪拌（**D**）。
⑤ 將攪拌成髮蠟狀的奶油放入另一個缽盆中，把④分成3次左右加入，每次加入時都要以打蛋器充分攪拌（**E**）。
⑥ 將義大利蛋白霜分成2～3次加入攪拌。一開始用打蛋器攪拌，第2次以後改用橡皮刮刀，攪拌時避免壓碎氣泡。照片（**F**）為攪拌完畢的狀態。

POINT

‣ 將加糖蛋黃和細砂糖混合之後要立刻攪拌。如果混合之後就這樣擱置一段時間，細砂糖吸收水分之後很容易結塊。
‣ 將煮好的蛋奶醬冷卻至40℃之後才加入濃縮咖啡精，可以防止咖啡的風味消失。

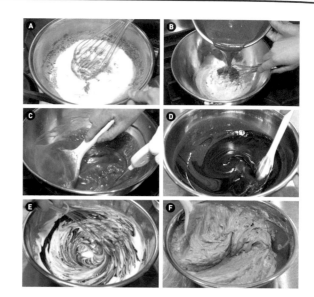

巧克力甘納許

前置準備：奶油攪拌成髮蠟狀

① 將鮮奶油放入鍋子中，以火加熱煮沸。
② 將黑巧克力和轉化糖放入有高度的容器中，加入①（**A**）。然後靜置片刻，直到黑巧克力融化至某個程度為止。
③ 以手持式攪拌棒攪拌至變成均勻的顏色。加入攪拌成髮蠟狀的奶油，將全體攪拌至融合在一起（**B**）。

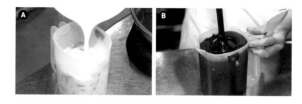

糖漬金柑

① 將大量的水（分量外）倒入鍋子中以火加熱，加入金柑，煮沸之後倒掉熱水。
② 將指定分量的水和細砂糖放入另一個鍋子中，以火加熱至白利糖度變成30%，關火。
③ 將②再次以火加熱，沸騰之後關火。加入①，在冷藏室中放置一個晚上。以網篩等過濾，分成果實和糖漿，糖漿要以細孔的網篩再過濾一次。
④ 將③的糖漿倒入鍋子中，煮沸之後關火。加入③的金柑果實，在室溫中或冷藏室中放置一個晚上。以網篩等過濾，分成果實和糖漿，糖漿要以細孔的網篩再過濾一次。重複進行這個步驟，直到糖漿變成白利糖度70%。
⑤ 預留一部分④的金柑果實作為裝飾之用，其餘的金柑去籽之後細細切碎（**A**＆**B**）。

浸潤用咖啡糖液

① 將水和細砂糖放入鍋子中，以火加熱煮沸。移入缽盆中，加入即溶咖啡粉之後以打蛋器攪拌均勻（**A**）。

② 以缽盆底部墊著冰水之類的方式冷卻至40℃為止，再加入柑曼怡香橙干邑甜酒攪拌（**B**）。

~~~~~~

組合・最後潤飾

① 以抹刀將巧克力鏡面淋醬薄薄地塗在1片杏仁彼士裘依蛋糕有烤色的那面上，全部塗滿（**A**）。待巧克力鏡面淋醬凝固之後疊上烘焙紙，然後翻面，剝下烘烤時使用的烘焙紙。以刷子將約325g的浸潤用咖啡糖液塗抹在那一面（**B**）。以放入急速冷凍庫中等方式冷卻凝固。

② 將57×37×高4cm的方形框模放在貼有透明膠片的鐵盤中，倒入740g的咖啡奶油霜。以抹刀推開之後抹平（**C**）。

③ 將1片杏仁彼士裘依蛋糕有烤色的那面朝下，疊放在②的上面（**D**），以木板等從上方輕輕按壓使之緊密貼合。剝下烘焙紙，以刷子將約325g的浸潤用咖啡糖液塗抹在那一面。

④ 倒入巧克力甘納許，以抹刀推開之後抹平（**E**）。均勻地撒滿510g切成碎末的糖漬金柑（**F**）。

⑤ 將1片杏仁彼士裘依蛋糕有烤色的那面朝下，疊放在上面，以木板等從上方輕輕按壓使之緊密貼合。剝下烘焙紙，以刷子將約325g的浸潤用咖啡糖液塗抹在那一面。

⑥ 放上740g的咖啡奶油霜，以抹刀推開之後抹平（**G**）。將①塗有巧克力鏡面淋醬的那面朝上，疊放在上面（**H**），以木板等從上方輕輕按壓使之緊密貼合。以放入急速冷凍庫中等方式冷卻凝固。

⑦ 將⑥的鐵盤那面朝上，放在作業台上，取下鐵盤之後，剝下透明膠片。從上方倒入巧克力鏡面淋醬，以抹刀均勻地推開成薄薄一層。放入冷藏室中冷卻凝固。

⑧ 取下底部的烘焙紙，分切成9×3cm的大小，放上預留作為裝飾之用的糖漬金柑，再以金箔和金粉裝飾。

POINT

→ 撒在巧克力甘納許上面的糖漬金柑，如果有籽的話口感會變差，所以要確實檢查沒有籽殘留之後再使用。

UN GRAND PAS

~~~~~~

安格蘭琶女士

店主兼甜點師
丸岡丈二先生

咖啡 × 焦糖 × 堅果

主角是以義式濃縮咖啡使用的咖啡粉沖泡製作的咖啡烤布蕾和
散發肉桂香氣的焦糖慕斯。連同讓味道更醇厚的果仁醬奶油霜
一起在口中瞬間化開,變成卡布奇諾的豐富味道就會浮上來。
硬脆的焦糖杏仁帶來特殊的口感。外觀的設計上,
以「簡單又美麗」為主題,使用曲線圓滑的模具營造出女性的形象。
這是全年皆有販售的拿手甜點之一,雖然鏡面巧克力的裝飾令人印象深刻,
但在感覺炎熱的時期,有時不會淋上鏡面巧克力,以將奶油霜裸露在外的輕簡裝飾供應給顧客。

〔 **材料** 〕 使用模具：口徑5.5cm×底徑4.5cm、高4.5cm的模具

‣咖啡烤布蕾
（40個份）

鮮奶油A（乳脂肪含量42%）⋯225g
牛奶⋯125g
咖啡粉（義式濃縮咖啡用／粗磨）⋯30g
鮮奶油B（乳脂肪含量42%）⋯適量
蛋黃⋯4個份
細砂糖⋯58g

‣無麵粉巧克力彼士裴依蛋糕
（80個份）

蛋白⋯60g
細砂糖A⋯37.5g
蛋黃⋯2個份
細砂糖B⋯37.5g
黑巧克力
（法芙娜「EXTRA NOIR」／可可含量53%）⋯75g
奶油⋯56g
可可粉⋯10g

‣果仁醬奶油霜
（40個份）

牛奶⋯121g
蛋黃⋯4.8個份
細砂糖⋯24g
果仁醬⋯194g
奶油⋯400g
義大利蛋白霜（P.173）⋯212g

‣焦糖肉桂慕斯
（20個份）

鮮奶油A（乳脂肪含量42%）⋯300g
肉桂棒⋯6g
香草莢⋯1/3根
水麥芽⋯53g
細砂糖⋯166g
明膠片⋯13g
炸彈糊（P.173）⋯106g
鮮奶油B（乳脂肪含量42%）⋯480g
義大利蛋白霜（P.173）⋯213g

‣焦糖杏仁
（容易製作的分量）

杏仁（帶皮／大略弄碎）⋯300g
糖粉⋯100g
奶油⋯20g

‣鏡面巧克力
（容易製作的分量）

可可粉⋯186g
細砂糖⋯435g
水⋯720g
水麥芽⋯435g
鮮奶油（乳脂肪含量42%）⋯300g
透明鏡面果膠⋯810g
明膠片⋯55g
色素（紅）⋯適量

‣組合・最後潤飾

可可粉⋯適量
肉桂粉⋯適量

① 焦糖杏仁
② 果仁醬奶油霜
③ 焦糖肉桂慕斯
④ 咖啡烤布蕾
⑤ 無麵粉巧克力彼士裴依蛋糕
⑥ 鏡面巧克力

〔 **作法** 〕

咖啡烤布蕾

① 將鮮奶油A和牛奶放入鍋子中，以火加熱煮沸。加入咖啡粉之後輕輕攪拌（Ⓐ），移離爐火。以布巾蓋住，放置5分鐘。
② 將①以網篩過濾，移入缽盆中，計量重量。追加鮮奶油B，使之成為沸騰前鮮奶油A和牛奶的合計量（350g），然後攪拌。
③ 將蛋黃和細砂糖放入另一個缽盆中，以打蛋器攪拌至全體融合，顏色泛白為止。將②分成2次加入攪拌（Ⓑ）。
④ 將③的蛋黃液以網篩過濾，放上廚房紙巾與浮在表面的氣泡緊密貼合（Ⓒ），接著立刻取出廚房紙巾。
⑤ 將④裝入擠花袋中，擠入口徑5cm×高3.5cm的矽膠烤模中，擠至2分滿的高度（Ⓓ）。以90℃的旋風烤箱烘烤30分鐘。放涼之後，放入冷藏室中冷卻。

無麵粉巧克力彼士裘依蛋糕

前置準備：將黑巧克力和奶油分別融化

① 將蛋白放入攪拌盆中，以攪拌機攪拌。打至6分發之後加入半量的細砂糖A攪拌，打至舀起時有尖角挺立，加入剩餘的細砂糖A，攪拌至全體融合為止。照片（Ⓐ）為攪拌完成的狀態。
② 將蛋黃和細砂糖B放入缽盆中，以打蛋器研磨攪拌。
③ 將已經融化的黑巧克力和奶油放入另一個缽盆中，以打蛋器混合攪拌。
④ 依照順序將③和可可粉加入②之中，每次加入時都要以打蛋器攪拌（Ⓑ）。
⑤ 將少量的①加入④之中，以打蛋器攪拌，融合之後加入剩餘的①，改用橡皮刮刀充分攪拌（Ⓒ）。
⑥ 將⑤填入裝有口徑6mm圓形擠花嘴的擠花袋中，在鋪有烘焙紙的烤盤上擠成漩渦狀，變成直徑3.3cm的圓形（Ⓓ）。
⑦ 以上火、下火都是180℃的層次烤爐烘烤約20分鐘。暫時放置在室溫中放涼。

POINT
→ 因為是變軟之後很容易往橫向擴展的奶油糊，所以擠出時要比稍後組合的模具尺寸再小一點，然後烘烤。

果仁醬奶油霜

① 將牛奶倒入鍋子中，以火加熱煮沸。
② 將蛋黃和細砂糖放入缽盆中，以打蛋器研磨攪拌。加入少量的①，攪拌至全體融合為止。
③ 將②倒回①的鍋子中，以小火加熱，一邊以橡皮刮刀攪拌一邊熬煮。變成80℃左右時移離爐火，一邊攪拌一邊以餘溫加熱。如照片（Ⓐ）所示，以橡皮刮刀舀起，用手指劃過時會留下紋路的軟硬度就完成了。
④ 將果仁醬放入攪拌盆中，再將③以網篩過濾，加入其中（Ⓑ）。用攪拌機以中速攪拌至全體融合為止。
⑤ 加入奶油，攪拌至出現光澤、變得滑順為止（Ⓒ）。
⑥ 將⑤移入缽盆中，加入義大利蛋白霜，以打蛋器攪拌（Ⓓ）。
⑦ 將⑥填入裝有圓形擠花嘴的擠花袋中，在口徑5.5×底徑4.5×高4.5cm的模具中各擠入30g（Ⓔ）。
⑧ 將模具中的奶油霜以抹刀抹開至模具的邊緣，接著抹成研磨缽狀（Ⓕ）。放入冷藏室中，冷卻至奶油霜變成稍微緊實的程度。

POINT
→ 在步驟⑤中，如果奶油不易攪拌，最好暫停攪拌，將攪拌盆以直火稍微烤一下，使奶油容易融化。
→ 完成的奶油霜一旦冷卻過度會變硬，變得不易組合，請留意。

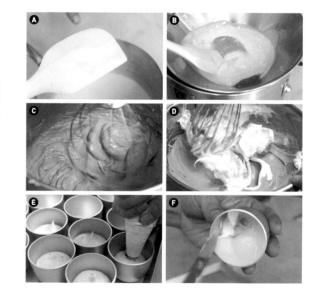

焦糖肉桂慕斯

前置準備：明膠片以冷水泡軟

① 將鮮奶油A、肉桂棒、香草莢、水麥芽放入銅鍋中以火加熱（Ⓐ），煮沸。
② 在進行①的作業時，同時將細砂糖放入另一個銅鍋中以火加熱，一邊以打蛋器攪拌，一邊加熱至細砂糖融化，如照片（Ⓑ）所示變成深褐色為止。
③ 將②的銅鍋移離爐火，再將①一點一點地加入攪拌（Ⓒ）。將銅鍋再次以火加熱，以打蛋器攪拌至全體融合在一起。移入缽盆中（Ⓓ），暫時擱置一旁冷卻至與體溫相當的程度。

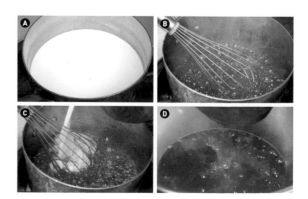

④ 依照順序將已經泡軟的明膠片和炸彈糊加入③之中,每次加入時都要以打蛋器攪拌。

⑤ 以鮮奶油打發機將鮮奶油B打發之後加入攪拌(E),接著加入義大利蛋白霜攪拌(F)。

POINT
→ 步驟①的銅鍋,為了能在步驟②的細砂糖融化變成深褐色的時候剛好沸騰,要調整火力的大小。

焦糖杏仁

① 將杏仁和糖粉放入銅鍋中以火加熱,一邊以木鏟攪拌,一邊讓它焦糖化。

② 加入奶油攪拌,然後移離爐火。倒入長方形淺盤中放涼,再用手剝散。照片(A)為完成的焦糖杏仁。

鏡面巧克力

前置準備:明膠片以冷水泡軟

① 將已經泡軟的明膠片和色素以外的材料放入鍋子中,以火加熱至變成白利糖度68%為止。

② 移離爐火,加入已經泡軟的明膠片和色素攪拌,再以網篩過濾。

組合‧最後潤飾

① 將焦糖肉桂慕斯填入裝有圓形擠花嘴的擠花袋中,擠入已經裝入果仁醬奶油霜的模具中,直到模具一半的高度(A)。

② 將咖啡烤布蕾放在①的上面,以手指壓入模具的中心(B),再擠入焦糖肉桂慕斯,擠滿至模具的邊緣,然後以抹刀將慕斯抹平(C)。

③ 將無麵粉巧克力彼士裘依蛋糕有烤色的那面朝下,放在上面,用手掌輕壓將它塞入(D)。放入冷藏室中冷卻凝固。

④ 用叉子插入③中,將模具的側面迅速地過一下熱水,接著脫模(E&F)。

⑤ 用手指抹平表面,然後放在疊上網架的鐵盤中,淋上鏡面巧克力。放上焦糖杏仁,再依照順序撒上可可粉和肉桂粉。

PÂTISSERIE
BIGARREAUX

愉悅

店主兼甜點師
石井 亮先生

巧克力 × 柳橙 × 焦糖

以可以感受到豐富可可香氣的彼士裘依蛋糕，搭配以牛奶巧克力為基底的焦糖慕斯、鬆軟輕盈的香草芭芭露亞、
柳橙風味很突出的糖漬柳橙、酥脆的牛奶巧克力脆片組合而成的這款蛋糕，
是2006年日本蛋糕博覽會的大會會長獎得獎作品。
當年參賽時，底座使用的是達克瓦茲，但是考量到容易入口的程度，所以變更成現在這種以2片彼士裘依蛋糕
組合而成的型式。將芭芭露亞那層加厚一點也是創造出輕盈感的重點。
「我著重的是，味道雖然濃厚，但是口感輕盈的甜點。沒有複雜的構成而是以簡單的作法完成，因此想要斟酌的素
材做出講究的味道。」（石井亮先生）

〔 **材料** 〕　使用模具：50×30cm、高4cm的方形框模（1模54個份）

▸糖煮柳橙
（容易製作的分量）

柳橙…2個（450g）
細砂糖…180g
TRIMOLINE（轉化糖）…90g
奶油…45g
柑曼怡香橙干邑甜酒…60g

▸巧克力彼士裘依蛋糕
（60×40cm的烤盤2盤份‧54個份）

黑巧克力
（法芙娜「瓜納拉」／可可含量70%）…324g
奶油…106g
蛋白…490g
細砂糖…180g
冷凍蛋黃…156g
杏仁粉…366g

▸香草芭芭露亞
（54個份）

牛奶…126g
鮮奶油A（乳脂肪含量38%）…126g
細砂糖A…46g
冷凍蛋黃…108g
香草莢…1根
明膠粉…9g
水…45g
冷凍蛋白…90g
細砂糖B…66g
鮮奶油B（乳脂肪含量38%）…314g

▸果仁糖
（容易製作的分量）

杏仁（無皮）…100g
榛果（無皮）…100g
細砂糖…150g
水…40g
香草莢的豆莢
（使用後已經乾燥的豆莢）…3根

▸巧克力焦糖慕斯
（54個份）

細砂糖…162g
鮮奶油A（乳脂肪含量38%）…242g
冷凍蛋黃…80g
明膠粉…8g
水…32g
牛奶巧克力
（偉斯「LAIT SUPREME」／可可含量38%）…336g
黑巧克力
（法芙娜「瓜納拉」／可可含量70%）…134g
鮮奶油B（乳脂肪含量38%）…730g

▸牛奶巧克力脆片
（54個份）

牛奶巧克力
（偉斯「LAIT SUPREME」／可可含量38%）…142g
法式薄餅碎片（feuillantine）…130g
果仁糖…由左記取出100g

▸組合‧最後潤飾

噴槍用巧克力（P.174）…適量
金箔…適量

①巧克力焦糖慕斯
②香草芭芭露亞
③巧克力彼士裘依蛋糕
④糖煮柳橙
⑤牛奶巧克力脆片

〔 **作法** 〕

糖煮柳橙

① 柳橙帶皮，直接將整顆柳橙用水煮30分鐘，再切成3～4cm的方塊。只將籽去除。
② 將①、細砂糖、轉化糖放入鍋子中以火加熱，熬煮至滲出的水分變成半量為止。
③ 加入奶油攪拌後移離爐火，覆上保鮮膜緊密貼合，放涼。在冷藏室中放置一天。
④ 將③放入食物處理機中攪拌，變成糊狀之後加入柑曼怡香橙干邑甜酒攪拌。照片（Ⓐ）為完成的糖煮柳橙。

Ⓐ

巧克力彼士裘依蛋糕

前置準備：將蛋白冷卻冰涼／將冷凍蛋黃解凍

① 將黑巧克力和奶油放入缽盆中，隔水加熱融化（**Ⓐ**）。冷卻至30℃左右為止。

② 將冰涼的蛋白、細砂糖的1/3量放入攪拌盆中，用攪拌機以高速攪拌。全體打發至變白之後加入剩餘的細砂糖，攪拌至如右方照片（**Ⓑ**）所示，呈尖角挺立的狀態為止。

③ 將已經解凍的冷凍蛋黃加入②之中（**Ⓒ**），以高速攪拌5秒左右。

④ 將③的1/3量加入①之中，以打蛋器大幅度翻拌。接著依照順序加入杏仁粉的半量、③的1/3量、剩餘的杏仁粉，每次加入時都以同樣的方式攪拌。加入剩餘的③攪拌，攪拌至沒有結塊之後改用橡皮刮刀，以從底部翻起的方式翻拌（**Ⓓ**）。

⑤ 將④填入裝有口徑8mm圓形擠花嘴的擠花袋中，在鋪有烘焙紙的60×40cm烤盤上，擠出比30cm略長的棒狀。棒狀的巧克力糊之間不留空隙，重複進行擠出棒狀的作業，直到巧克力糊的寬度略大於50cm（**Ⓔ**）。另一個烤盤也以同樣的方式擠出巧克力糊。

⑥ 以200℃的旋風烤箱烘烤13分鐘，暫時放置在室溫中放涼（**Ⓕ**）。切成剛好可以納入50×30cm的方形框模中的大小，連同烘焙紙直接裝入塑膠袋中冷凍。

POINT

→ 為了避免產生結塊或攪拌不均勻，混合材料的作業要適度，分成數次有步驟地進行。製作芭芭露亞和慕斯時也是如此。

→ 不留空隙地擠出棒狀巧克力糊，可以做出輕盈且入口即化的口感，還可以呈現出獨特的波浪形紋路。

香草芭芭露亞

前置準備：將冷凍蛋黃和冷凍蛋白分別解凍／明膠粉混合指定分量的水泡脹

① 將牛奶、鮮奶油A、細砂糖A、已經解凍的冷凍蛋黃、香草莢放入鍋子中，以小火加熱，一邊以橡皮刮刀攪拌一邊加熱至82℃為止（**Ⓐ**）。

② 移離爐火，加入已經泡脹的明膠粉攪拌溶勻（**Ⓑ**）。以網篩過濾，移入缽盆中（**Ⓒ**），底部墊著冰水讓蛋奶糊冷卻。

③ 將已經解凍的冷凍蛋白放入攪拌盆中，用攪拌機以高速攪拌。打發至全體顏色泛白時加入細砂糖B，然後以高速攪拌至舀起時呈立起尖角的狀態。加入②的1/3量，以橡皮刮刀攪拌，避免弄碎蛋白霜的氣泡（**Ⓓ**）。

④ 將鮮奶油B倒入另一個缽盆中，打至8分發，加入②的1/3量之後大幅度翻拌。加入剩餘的②，翻拌至全體融合在一起。

⑤ 將③加入④之中，用橡皮刮刀以從底部翻起的方式混拌至全體變得均勻滑順。照片（**Ⓔ**）為混拌完畢的狀態。

⑥ 將透明膠片鋪在鐵盤中，放上50×30×高4cm的方形框模，然後倒入⑤。以刮板刮平表面（**Ⓕ**），在冷藏室中放置20分鐘左右，直到稍微產生彈性，開始凝固成塊。不要完全凝固。

POINT

→ 把芭芭露亞這層製作得厚一點，就可以做出口感輕盈的甜點。

果仁糖

① 將杏仁和榛果以烤箱烘烤，並適度地調整烘烤程度。

② 將細砂糖、水、香草莢的豆莢放入鍋子中，以中火加熱至122℃為止。

③ 將①加入②之中攪拌，然後關火。結晶化之後以小火加熱至變成焦糖狀為止。

④ 移離爐火，完全冷卻之後移入食物處理機中，攪拌至變成糊狀為止。

巧克力焦糖慕斯

前置準備：將鮮奶油A煮沸／將冷凍蛋黃解凍／明膠粉混合指定分量的水泡脹／將2種巧克力混合在一起融化，調整成30℃／鮮奶油B打至7分發

① 將銅缽盆以小火加熱，放入少量的細砂糖，融化之後加入剩餘的細砂糖。全體冒出細小的氣泡時關火，將煮沸的鮮奶油A分成2〜3次加入攪拌（**A**）。
② 將①冷卻至50℃，加入已經解凍的冷凍蛋黃，以小火加熱，用橡皮刮刀攪拌。加熱至82℃時移離爐火，加入已經泡脹的明膠粉攪拌溶勻。以網篩過濾，移入缽盆中（**B**），底部墊著冰水讓它冷卻。
③ 依照順序，將融化之後調整成30℃的2種巧克力，以及打至7分發的鮮奶油B半量加入②之中，每次加入時都要以打蛋器攪拌。加入剩餘的鮮奶油B，在還未完全拌勻時改用橡皮刮刀，攪拌至變得滑順（**C**）。

POINT
→ 為了做出好的口感，要注意巧克力的溫度和混合材料時的溫度。在最後完成時改用橡皮刮刀調整質地，也是做出好口感的重點。

牛奶巧克力脆片

① 將牛奶巧克力大略切碎之後放入缽盆中，隔水加熱融化（**A**）。
② 將法式薄餅碎片細細切碎，與果仁糖一起加入①之中，以橡皮刮刀攪拌（**B**）。
③ 將50×30×高4cm的方形框模放在鋪有SILPAT烘焙墊的鐵盤中，倒入②，以抹刀推薄成1mm厚（**C**）。趁還沒凝固的時候進行組合的作業。

組合・最後潤飾

① 將1片巧克力彼士裘依蛋糕有烤色的那面朝下，疊放在已經鋪滿牛奶巧克力脆片的方形框模中（**A**），用手從上方按壓使之緊密貼合。取下方形框模，將烘焙紙和鐵盤放在上面，放入急速冷凍庫中冷卻凝固。
② 將1片巧克力彼士裘依蛋糕有烤色的那面朝下，疊放在已經倒入香草芭芭露亞的方形框模中（**B**），用手從上方按壓使之緊密貼合。連同方形框模放入急速冷凍庫中冷卻凝固。取下方形框模，剝下透明膠片，然後將4個邊各切除2mm（**C**）。
③ 將50×30×高4cm的方形框模放在鋪有透明膠片的鐵盤中，倒入700g巧克力焦糖慕斯之後抹平。將②的芭芭露亞那一面朝下，疊上去之後緊密貼合（**D**）。
④ 將剩餘的慕斯倒在③的上面，抹平之後，再將糖煮柳橙填入裝有寬2cm雙面鋸齒擠花嘴的擠花袋中，擠在上面（**E**）。
⑤ 將①的彼士裘依蛋糕那面朝下，疊在④的上面，緊密貼合（**F**）。放入急速冷凍庫中1小時之後，移入冷凍室中保存。翻面之後取下方形框模，再以巧克力噴槍將巧克力噴在上面。分切成8×3cm，以金箔裝飾。

POINT
→ 為了讓芭芭露亞毫無空隙地與彼士裘依蛋糕的波浪形紋路緊密貼合，步驟②要在芭芭露亞開始凝固的階段進行，一邊留意避免空氣進入一邊進行作業。

Shinfula

王牌乳酪

店主兼甜點師
中野慎太郎先生

3種起司蛋糕的融合

這是一款以法式料理套餐後半段上場的乳酪推車為構想而設計的小蛋糕。
使用具有清爽的酸味和香醇味道，而且異味很少的奶油乳酪做成舒芙蕾乳酪蛋糕、
烤乳酪蛋糕、生乳酪鮮奶油霜，將這3者組合起來，讓客人享受到不同的味道和口感。
中間暗藏著以蜂蜜和蘭姆酒醃漬過的水果乾，最後潤飾時以杏仁片、帶梗葡萄乾，
和奶酥作為頂飾配料。奶酥看起來似乎可以當做長棍麵包。
「把餐廳甜點的表現方法運用在小蛋糕的製作上，在色彩、香氣、
呈現出來的樣子各方面全都加進驚喜和故事性。」中野慎太郎先生說道。

〔 **材料** 〕 使用模具：直徑7cm、高2.5cm的圓形圈模

▸ **蘭姆酒漬水果乾**
（容易製作的分量）

蘭姆酒…適量
蜂蜜（洋槐）…與蘭姆酒同量
無花果（半乾）…500g
洋李（半乾）…500g
柳橙皮…500g
蘇坦娜葡萄乾…500g

▸ **黃豆粉奶酥**
（容易製作的分量）

杏仁粉…260g
低筋麵粉…440g
黃豆粉…100g
細砂糖…440g
奶油…340g

▸ **烤乳酪蛋糕**
（20×16cm的長方形淺盤2盤份）

奶油乳酪…250g
酸奶油…100g
上白糖…85g
檸檬汁…15g
玉米粉…14g
鮮奶油（乳脂肪含量42%）…200g
全蛋…185g

▸ **舒芙蕾乳酪蛋糕**
（約24個份）

奶油乳酪…643g
酸奶油…85g
細砂糖A…75g
蛋黃…45g
卡士達粉…10g
蛋白…136g
細砂糖B…75g

▸ **生乳酪鮮奶油霜**
（容易製作的分量）

奶油乳酪…200g
酸奶油…200g
細砂糖…42g
檸檬汁…7g
鮮奶油（乳脂肪含量42%）…300g

▸ **組合・最後潤飾**

杏仁片（帶皮）…適量
帶梗葡萄乾…適量

① 黃豆粉奶酥
② 生乳酪鮮奶油霜
③ 烤乳酪蛋糕
④ 蘭姆酒漬水果乾
⑤ 舒芙蕾乳酪蛋糕

〔 **作法** 〕

蘭姆酒漬水果乾

① 將蘭姆酒和蜂蜜倒入缽盆中混合。
② 將無花果、洋李和柳橙皮切成7mm的小丁。
③ 將②和蘇坦娜葡萄乾裝入密閉容器中，注入①直到分量可以淹過水果為止。蓋上蓋子醃漬2個月左右，待酒精成分揮發之後再使用。照片（Ⓐ）為完成品。

黃豆粉奶酥

前置準備：杏仁粉、低筋麵粉、黃豆粉混合過篩／奶油攪拌成髮蠟狀

① 將奶油以外的材料放入攪拌盆中，以打蛋器大略攪拌（**A**）。加入攪拌成髮蠟狀的奶油，用攪拌機以中速攪拌（**B**）。全體攪拌均勻之後用手輕輕攏成團（**C**）。

② 將①放在SILPAT烘焙墊上，用手壓平成四角形（**D**）。將2根高度1cm的厚度平衡棒放在麵團的兩端，再將擀麵棍架在厚度平衡棒上滾動，把麵團擀成厚1cm的麵皮（**E**）。完成時，以另一張烘焙墊蓋住麵皮，再用擀麵棍在烘焙墊的上面來回滾動，將麵皮的表面擀平。在冷藏室中放置1小時以上。

③ 分切成1.5cm的小方塊，排列在鋪有烘焙墊的烤盤中（**F**），以170℃的旋風烤箱烘烤約10分鐘。

POINT
→ 附加厚度平衡棒再滾動擀麵棍的話，就能輕易將麵團擀薄成適切的厚度。接著蓋上烘焙墊，在烘焙墊的上面滾動擀麵棍，擀出漂亮的形狀。

烤乳酪蛋糕

前置準備：全蛋打散成蛋液

① 將奶油乳酪放入攪拌盆中，用攪拌機以中速攪拌至全體變得滑順為止（**A**）。依照順序加入酸奶油、上白糖、檸檬汁、玉米粉，每次加入時都要以同樣的方式攪拌至全體變得滑順為止（**B**）。

② 一邊攪拌，一邊依照順序一點一點地加入鮮奶油和打散成蛋液的全蛋（**C**），攪拌至沒有結塊的滑順狀態。

③ 在2個鋪有烘焙墊的20×16cm長方形淺盤中，各自倒入400g的②（**D**），然後拿起長方形淺盤在作業台上輕輕碰撞，將乳酪糊弄平（**E**）。

④ 在尺寸比③的長方形淺盤還大的容器中裝水，再將③的長方形淺盤排列在裡面（**F**）。以上火、下火都是170℃的層次烤爐隔水烘烤25～30分鐘。移開熱水，暫時放置在室溫中放涼。然後放入急速冷凍庫中冷卻凝固。

POINT
→ 奶油乳酪是硬的，所以要以攪拌棒攪拌至變得滑順之後再與其他的材料混合。用來製作舒芙蕾乳酪蛋糕和生乳酪鮮奶油霜的時候也是如此。

舒芙蕾乳酪蛋糕
前置準備：將蛋黃打散

① 將奶油乳酪放入攪拌盆中，用攪拌機以中速攪拌至全體變得滑順
　 為止。依照順序加入酸奶油、細砂糖A、已經打散的蛋黃、卡士
　 達粉，每次加入時都要以同樣的方式攪拌至全體變得滑順為止
　 （**A**&**B**）。
② 將蛋白和細砂糖B放入缽盆中，以攪拌機打發至如照片（**C**）所
　 示，舀起時呈彎角下垂的狀態。
③ 將①移入缽盆中，再將②分成2次加入，每次加入時都要以橡皮
　 刮刀充分混拌（**D**）。
④ 在直徑7cm×高2.5cm的圓形圈模內側的側面貼上烘焙紙，然後排
　 列在鋪有烘焙墊的烤盤中。
⑤ 將③填入裝有圓形擠花嘴的擠花袋中，在④的圓形圈模中各擠入
　 42g（**E**）。以湯匙的背面抹平表面。
⑥ 放入上火160℃、下火140℃的層次烤爐中，關掉下火之後烘烤7
　 分30秒～8分鐘。加熱至表面凝固，會抖動搖晃的程度之後，在
　 烤盤底下插進網架，再烤2～3分鐘。照片（**F**）為烘烤完畢的狀
　 態。暫時放置在室溫中放涼。

POINT
→ 在烘烤後半段，將網架插進烤盤底下，使來自下方的熱力變得更溫和。

生乳酪鮮奶油霜

① 將奶油乳酪放入攪拌盆中，用攪拌機以中速攪拌至全體變得滑順
　 為止。依照順序加入酸奶油、細砂糖、檸檬汁，每次加入時都要
　 以同樣的方式攪拌至全體變得滑順為止（**A**）。
② 改用鋼絲攪拌頭，一邊以低速攪拌，一邊將鮮奶油分成3次加入。
　 全體攪拌均勻之後，以高速攪拌至變得滑潤而黏稠。照片（**B**）
　 為攪拌完畢的狀態。

組合・最後潤飾
前置準備：杏仁片以160℃的旋風烤箱烘烤約7分鐘

① 取下舒芙蕾乳酪蛋糕的圓形圈模，剝下烘焙紙，然後在中央各放
　 上約15g的蘭姆酒漬水果乾。
② 將生乳酪鮮奶油霜填入裝有星形擠花嘴的擠花袋中，然後擠在蘭
　 姆酒漬水果乾的周圍和上面的半邊（**A**&**B**）。
③ 將烤乳酪蛋糕分切成2cm的小方塊，各放2個在②的上面。
④ 在烤乳酪蛋糕的縫隙中擠滿生乳酪鮮奶油霜，再各放上2個黃豆粉
　 奶酥（**C**）。
⑤ 以小濾網從上方篩撒糖粉，最後以烘烤過的杏仁片和帶梗葡萄乾
　 裝飾。

POINT
→ 杏仁片是在自家店中烘烤過後再使用，這裡是以160℃的旋風烤箱烘烤
　 約7分鐘，稍微烘烤後就停止，充分利用杏仁的天然風味。

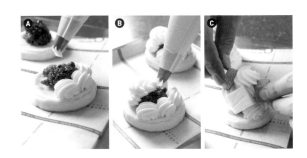

Relation

焦糖蘋果閃電泡芙

店主兼甜點師
野木将司先生

焦
糖
×
蘋
果

「不只是鮮奶油泡芙，還想以各種不同的型式打造出
泡芙皮的魅力。」野木将司先生說道。因此，每個月都會提供可以表現出季節感、
不同的閃電泡芙。以焦糖和蘋果作為主題的「焦糖蘋果閃電泡芙」是在某一年11月登場的一款閃電泡芙。
泡芙皮是將低筋麵粉和高筋麵粉一起並用，在提高保形性的同時，
也加強了與滑順的鮮奶油霜在口感上所形成的對比。此外，以星形擠花嘴擠出麵糊，
放上香草紅糖脆片再烘烤，表現出獨特的質地。為了不破壞泡芙皮的口感，
糖霜是先塗在杏仁膏的上面再疊上去等等，結合了各種不同的方法。

〔 材料 〕

▸香草紅糖脆片
（容易製作的分量）

奶油…150g
紅糖…185g
低筋麵粉…185g
香草粉…3g

▸泡芙皮
（33個份）

牛奶…250g
水…250g
奶油…225g
細砂糖…10g
鹽…7.5g
低筋麵粉…183g
高筋麵粉…92g
全蛋…400g

▸奶酥
（容易製作的分量）

發酵奶油…100g
細砂糖…100g
低筋麵粉…100g
杏仁粉…100g
小豆蔻粉…0.1g
鹽…2g

▸卡士達醬
（容易製作的分量）

牛奶…1000g
香草莢…1根
冷凍蛋黃…500g
細砂糖…360g
玉米粉…120g
低筋麵粉…60g
奶油…160g

▸焦糖
（容易製作的分量）

水麥芽…162.5g
細砂糖…250g
鮮奶油（乳脂肪含量35％）…412.5g
香草莢…1/2根
奶油…37.5g

▸焦糖外交官奶油
（容易製作的分量）

卡士達醬…由左記取出1000g
鮮奶油（乳脂肪含量42％）…250g
焦糖…由上記取出375g

▸糖煮蘋果
（容易製作的分量）

蘋果（富士）…淨重2200g
水…220g
細砂糖…655g
香草莢…1又1/2根

▸焦糖糖霜
（容易製作的分量）

細砂糖…414g
玉米粉…27g
鮮奶油（乳脂肪含量35％）…345g
明膠粉…10g
水…50g

▸組合・最後潤飾

杏仁膏…適量

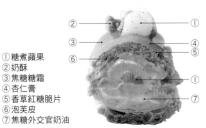

①糖煮蘋果
②奶酥
③焦糖糖霜
④杏仁膏
⑤香草紅糖脆片
⑥泡芙皮
⑦焦糖外交官奶油

〔 作法 〕

香草紅糖脆片

① 將全部的材料放入攪拌盆中，以攪拌機攪拌至全體融合在一起，集中成一團為止。照片（Ⓐ）為攪拌後的狀態。
② 以透明膠片夾住①，從上面滾動擀麵棍，擀薄成1mm左右（Ⓑ）。放入冷凍室中冷卻凝固。
③ 將②分切成12×3.5cm的大小。

泡芙皮

前置準備：低筋麵粉和高筋麵粉混合過篩／全蛋打散成蛋液

① 將牛奶、水、奶油、細砂糖、鹽放入鍋子中，以火加熱，一邊以打蛋器不時攪拌一邊煮沸（**Ⓐ**）。

② 加入已經混合的低筋麵粉和高筋麵粉，開始變成一團時改用木鏟攪拌，攪拌至水分蒸發，沒有粉粒為止（**Ⓑ** & **Ⓒ**）。

③ 將②移入攪拌盆中，以攪拌機稍微攪拌一下讓水分蒸發。一邊將打散成蛋液的全蛋分成5～6次加入，一邊攪拌至融合在一起（**Ⓓ**）。

④ 將③填入裝有星形擠花嘴的擠花袋中，在鋪有烘焙紙的烤盤中擠出12×2.5cm的條狀麵糊（**Ⓔ**）。放入急速冷凍庫中冷卻凝固。

⑤ 將香草紅糖脆片疊在④的上面，以上火190℃、下火210℃的層次烤爐烘烤約20分鐘。接著切換成上火、下火都是170℃，烘烤約40分鐘，然後打開排氣孔，烘烤約20分鐘。照片（**Ⓕ**）為烘烤完成的泡芙皮。暫時放置在室溫中放涼。

POINT

→ 將低筋麵粉和高筋麵粉一起並用，可以提高保形性，同時還可以表現出與鮮奶油霜形成對比的扎實口感。

奶酥

① 將全部的材料放入攪拌盆中，以攪拌機攪拌至全體融合在一起。照片（**Ⓐ**）為攪拌後的狀態。

② 將①捏成小塊，分散排在鋪有烘焙紙的烤盤中（**Ⓑ**），以160℃的旋風烤箱烘烤8～10分鐘。

卡士達醬

前置準備：將冷凍蛋黃解凍／玉米粉和低筋麵粉混合過篩

① 將牛奶和香草莢放入鍋子中以火加熱，稍微煮沸一下（**Ⓐ**）。

② 將已經解凍的冷凍蛋黃和細砂糖放入缽盆中，以打蛋器研磨攪拌，再加入已經混合的玉米粉和低筋麵粉攪拌（**Ⓑ**）。

③ 將①的一部分加入②之中，以打蛋器攪拌。然後以網篩過濾，倒回①的鍋子中（**Ⓒ**）。

④ 將③以火加熱，一邊以打蛋器攪拌，一邊如照片（**Ⓓ**）所示，煮至沒有黏性，出現光澤為止。關火之後加入奶油攪拌（**Ⓔ**）。

⑤ 將④倒入鋪有保鮮膜的鐵盤中，再將保鮮膜從上方緊密貼合，用手按壓使之薄薄地攤開（**Ⓕ**）。放入冷藏室中冷卻。

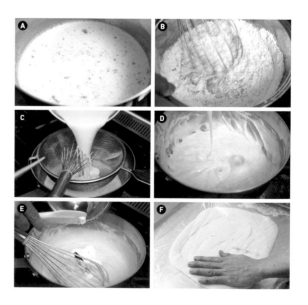

焦糖

① 將水麥芽放入鍋子中，以火加熱。一點一點地加入細砂糖，每次加入時都要搖晃鍋子使細砂糖溶解。
② 將鮮奶油和香草莢放入另一個鍋子中，以火加熱，稍微煮沸一下。
③ ①的鍋子如照片（Ⓐ）所示變成焦糖色時即可關火。加入奶油之後以打蛋器攪拌，接著一點一點地加入②攪拌（Ⓑ）。移入缽盆中，底部墊著冰水使它冷卻。

 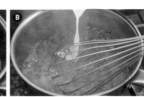

焦糖外交官奶油

前置準備：鮮奶油打至9分發

① 將卡士達醬放入缽盆中以刮板拌軟，再加入打至9分發的鮮奶油攪拌。照片（Ⓐ）為攪拌完畢的狀態。加入焦糖，以橡皮刮刀攪拌至全體融合為止（Ⓑ）。

糖煮蘋果

① 蘋果去皮去芯之後，切成1.5cm的小丁。
② 將水、細砂糖、香草莢放入鍋子中，以火加熱，一邊以打蛋器不時攪拌，一邊加熱至113℃為止（Ⓐ）。
③ 將①加入②之中，一邊以橡皮刮刀不時攪拌，一邊煮至如照片（Ⓑ）所示，蘋果變得透明，還留有少許口感的程度。

POINT
→ 為了充分利用蘋果的新鮮風味和口感，請注意不要烹煮過度。

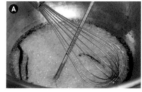 

焦糖糖霜

前置準備：明膠粉混合指定分量的水泡脹

① 將細砂糖放入鍋子中，以火加熱，變成焦糖色時即可關火。
② 將玉米粉放入缽盆中，加入少量的鮮奶油溶解。

③ 將②和剩餘的鮮奶油加入①的鍋子中，再次以火加熱。沸騰之後關火，加入已經泡脹的明膠粉攪拌溶勻。

組合・最後潤飾

① 以擀麵棍將杏仁膏擀得非常薄，再分切成12×3.5cm的大小。
② 將焦糖糖霜塗抹在①的上面，放入冷藏室中冷卻凝固（Ⓐ）。
③ 將泡芙皮橫切成一半，然後將焦糖外交官奶油填入裝有圓形擠花嘴的擠花袋中，在泡芙皮的下側擠出一條，再各放上約15g的糖煮蘋果（Ⓑ）。在糖煮蘋果的上面再擠出一條焦糖外交官奶油（Ⓒ）。
④ 依照順序將泡芙皮的上側和①疊在③的上面，最後以奶酥和糖煮蘋果裝飾（Ⓓ）。

POINT
→ 為了避免破壞泡芙皮的口感，糖霜不是直接塗抹在泡芙皮的上面，而是先塗在杏仁膏的上面之後，才疊在泡芙皮的上面。

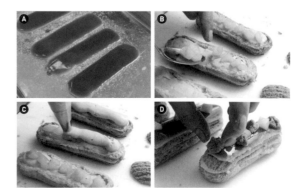

grains de vanille

芒果塔

店主兼甜點師
津田励祐先生

以芒果製作的、適合秋天的蛋糕

以秋日的必備甜點反烤蘋果塔為構想，開發出使用芒果製作的、
適合秋季的商品。將以芒果利口酒調拌之後變軟的芒果乾
鋪在充分烘烤的甜塔皮上，再疊上水分多的芒果凝凍和芒果奶油醬。
因為要表現出芒果凝凍新鮮的果實感，所以作為基底的芒果果泥
盡可能不要加熱，先將明膠片與芒果利口酒混合之後隔水加熱溶化，
然後才與果泥混合。雖然芒果給人強烈的夏日印象，但是藉由風味濃郁豐富
而且口感黏稠滑潤的奶油醬，做出了充滿濃濃秋意的味道。

〔 **材料** 〕使用模具：直徑6.5cm、高1.8cm的圓形圈模

▸甜塔皮
（120個份）

奶油…450g
糖粉…300g
全蛋…150g
杏仁粉…100g
低筋麵粉…750g

▸以芒果利口酒調拌的芒果乾
（容易製作的分量）

芒果乾（切丁）…300g
芒果利口酒…80g

▸芒果奶油醬
（22個份）

芒果果泥…200g
檸檬汁…18g
細砂糖…180g
全蛋…200g
明膠片…4g
奶油…280g

▸芒果凝凍
（37×27cm的可卸式模具1模份）

芒果果泥…138g
檸檬汁…約7.7g
細砂糖…23g
明膠片…約2.7g
芒果利口酒…6.13g

▸組合・最後潤飾

細砂糖…適量
芒果…適量
覆盆子…適量

① 芒果、覆盆子
② 芒果奶油醬
③ 芒果凝凍
④ 以芒果利口酒調拌的芒果乾
⑤ 甜塔皮

〔 **作法** 〕

甜塔皮
前置準備：全蛋打散成蛋液／杏仁粉和低筋麵粉混合過篩

① 將奶油和糖粉放入攪拌盆中，以攪拌機攪拌至全體集中成一團。
② 一邊逐次少量地加入打散成蛋液的全蛋，一邊攪拌，接著加入已經混合的杏仁粉和低筋麵粉，攪拌至沒有粉粒為止。
③ 將②取出放在作業台上，以擀麵棍等擀薄，整理成四角形，然後用保鮮膜包住，在冷藏室中放置一個晚上。
④ 以擀麵棍將③擀成厚3mm的麵皮，再以壓模壓出直徑約10cm的圓形。鋪進直徑6.5cm×高1.8cm的圓形圈模中。切除多餘的麵皮，冷凍起來。
⑤ 將④放在鋪有SILPAT烘焙墊的烤盤中，裡面鋪上鋁箔杯（Ⓐ）。不放入重石，以170℃的旋風烤箱烘烤約15分鐘。取下鋁箔杯和圓形圈模，暫時放置在室溫中放涼（Ⓑ）。

以芒果利口酒調拌的芒果乾

① 將芒果乾放入缽盆中，倒入芒果利口酒調拌（Ⓐ）。在冷藏室中放置一個晚上。

POINT
→ 芒果乾以芒果利口酒醃漬，就可以在芒果風味沒有變淡的情況下，變成柔軟的口感。

芒果奶油醬
前置準備：全蛋打散成蛋液／明膠片以冷水泡軟

① 將芒果果泥、檸檬汁、細砂糖的1/3量放入鍋子中，以大火加熱，用打蛋器攪拌（Ⓐ）。
② 將打散成蛋液的全蛋放入缽盆中，加入剩餘的細砂糖以打蛋器研磨攪拌（Ⓑ）。
③ 將①的1/3量加入②之中，以打蛋器攪拌（Ⓒ），再將它倒回①的鍋子中，一邊攪拌一邊加熱。
④ 稍微煮沸之後關火，以網篩過濾，移入缽盆中。加入已經泡軟的明膠片（Ⓓ），一邊以橡皮刮刀攪拌溶勻一邊調整成約35℃。
⑤ 加入奶油之後以橡皮刮刀攪拌溶勻，然後改用手持式攪拌棒混合攪拌，充分使之乳化（Ⓔ）。在冷藏室中放置一個晚上。

芒果凝凍
前置準備：明膠片以冷水泡軟

① 將芒果果泥、檸檬汁、細砂糖放入缽盆中，以打蛋器研磨攪拌（Ⓐ）。
② 將已經泡軟的明膠片放入另一個缽盆中，倒入芒果利口酒，然後隔水加熱使明膠片溶化（Ⓑ）。
③ 將少量的①加入②之中，隔水加熱，以橡皮刮刀攪拌使之融合。將它倒回①的缽盆中（Ⓒ），繼續攪拌。
④ 將③移入37×27cm的可卸式模具中，以橡皮刮刀等推薄成約5mm的厚度（Ⓓ），放入冷凍室中冷卻凝固。
⑤ 將④分切成3.5cm的方形（Ⓔ）。

POINT
→ 芒果果泥盡可能不要加熱，充分利用其新鮮的果實感。採用的方法是將明膠片和芒果利口酒混合之後隔水加熱，再將它與芒果果泥混合。

組合・最後潤飾

前置準備：芒果切成1～1.5cm的小丁／覆盆子縱切成一半

① 將以芒果利口酒調拌的芒果乾各放入10g在甜塔皮的底部，弄平（**A**）。

② 將芒果奶油醬填入①，以抹刀將芒果乾的空隙填滿，然後將芒果奶油醬抹薄至甜塔皮的邊緣，形成研磨缽狀（**B**）。

③ 放入芒果凝凍（**C**），上面放上適量的芒果奶油醬，再以抹刀整理成像山一樣有點高起來的形狀（**D**）。

④ 將細砂糖撒在上面，以瓦斯噴槍炙烤，烤出焦色（**E**）。這項作業再進行2次。

⑤ 以切好的芒果和覆盆子裝飾（**F**）。

POINT

→ 步驟④總共進行3次，充分焦糖化，表面變成硬脆的口感。與口感黏稠滑順的奶油醬形成對比。

PÂTISSERIE
LACROIX

~~~~~~

黑醋栗柳橙

店主兼甜點師
山川大介先生

黑醋栗 × 柳橙

「不太能喝酒的我，在酒宴上經常點的酒是容易入口的黑醋栗柳橙雞尾酒。
因此想出以那款雞尾酒為構想所做成的慕斯。」山川大介先生說道。
特別講究的是，黑醋栗和柳橙味道的平衡。「因為黑醋栗有很強的澀味和酸味，
為了與之抗衡，柳橙慕斯中使用的是苦味恰到好處、
味道濃厚的血橙。而且，組合時採用了加入果皮的柳橙果醬，
強調柳橙的風味。」黑醋栗慕斯特地降低甜度，
另一方面，以瑞士蛋白霜擔任緩和黑醋栗酸味的角色，補足全體的甜味。

〔**材料**〕 使用模具：直徑5.5cm、高4.5cm的圓形圍模

▸喬孔達彼士裘依蛋糕
（容易製作的分量，60×40cm的烤盤2盤份）

全蛋…350g
糖粉…350g
杏仁粉…350g
低筋麵粉…87g
蛋白…320g
細砂糖…180g

▸柳橙果醬
（容易製作的分量）

柳橙皮…150g
柳橙果肉…500g
細砂糖…240g

▸血橙慕斯
（54個份）

血橙果泥（冷凍）…250g
細砂糖…15g
明膠片…6g
濃縮柳橙汁…50g
鮮奶油（乳脂肪含量38%）…250g
柳橙果醬…由上記取出適量

▸黑醋栗慕斯
（54個份）

黑醋栗果泥（冷凍）…800g
糖粉…96g
明膠片…29g
義大利蛋白霜…由完成品取出全量
┌ 蛋白…160g
├ 細砂糖…240g
└ 水…48g
鮮奶油（乳脂肪含量38%）…960g

▸瑞士蛋白霜
（容易製作的分量）

蛋白…100g
細砂糖…100g
糖粉…100g

▸浸潤用酒糖液
（容易製作的分量）

柑曼怡香橙干邑甜酒…100g
糖漿（波美30度）…200g

▸組合・最後潤飾

黑醋栗鏡面果膠（P.174）…適量
金箔…適量

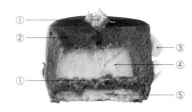

① 柳橙果醬
② 黑醋栗慕斯
③ 瑞士蛋白霜
④ 血橙慕斯
⑤ 喬孔達彼士裘依蛋糕

〔**作法**〕

喬孔達彼士裘依蛋糕

前置準備：全蛋打散成蛋液／糖粉、杏仁粉、低筋麵粉混合過篩

① 將打散成蛋液的全蛋放入缽盆中，隔水加熱至與體溫相當的程度。

② 將①移入攪拌盆中，加入已經混合的糖粉、杏仁粉和低筋麵粉，攪拌至顏色泛白。

③ 將蛋白和細砂糖放入缽盆中，打發至立起尖角的狀態。分成2次加入②之中，每次加入時都要以橡皮刮刀攪拌。

④ 將③倒入2盤鋪有烘焙紙的60×40cm烤盤中，以抹刀推薄成厚8mm左右，抹平。

⑤ 以上火、下火都是200℃的層次烤爐烘烤約13分鐘。放涼之後，以壓模壓出直徑5cm的圓形（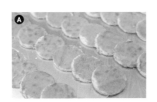）。

柳橙果醬

① 將水和柳橙皮放入鍋子中，以火加熱（**A**）。柳橙皮經過加熱，產生透明感之後，倒入網篩中瀝乾水分，然後切碎成1～3mm的小丁（**B**）。

② 將①和柳橙果肉、細砂糖放入鍋子中，以大火加熱（**C**），煮沸之後轉為中火，煮的時候讓水分蒸發。照片（**D**）為煮好的果醬。

血橙慕斯

前置準備：血橙果泥取出2/3量解凍／明膠片以冷水泡軟／鮮奶油打至7分發

① 將已經解凍的2/3量血橙果泥、細砂糖放入缽盆中，以中火加熱至快要沸騰為止。

② 移離爐火，加入已經泡軟的明膠片攪拌溶勻。加入仍為結凍狀態的其餘血橙果泥攪拌。

③ 待果泥溶化，全體的溫度下降之後，加入濃縮柳橙汁、打至7分發的鮮奶油攪拌。

④ 將③倒入口徑4cm×高2cm的矽膠烤模中，倒滿至烤模的邊緣，然後放入冷凍室中冷卻凝固。

⑤ 將柳橙果醬薄薄地塗在④的表面，然後放入冷凍室中冷卻凝固。照片（**A**）為塗上果醬之後已經冷卻凝固的狀態。

POINT

→ 冷凍果泥取2/3量解凍之後，與細砂糖一起加熱融合，剩餘的果泥直接以結凍的狀態混拌在一起，就能充分利用新鮮果實的味道。

黑醋栗慕斯

前置準備：黑醋栗果泥取出2/3量解凍／明膠片以冷水泡軟／鮮奶油打至7分發

① 將已經解凍的2/3量黑醋栗果泥、糖粉放入缽盆中（**A**），以中火加熱至快要沸騰為止。

② 移離爐火，加入已經泡軟的明膠片攪拌溶勻（**B**）。加入仍為結凍狀態的其餘黑醋栗果泥攪拌（**C**）。

③ 製作義大利蛋白霜。將蛋白輕輕打發起泡（a）。將細砂糖和水放入鍋子中，以火加熱至118℃為止（b）。一邊將b逐次少量地加入a之中，一邊打發至尖角挺立的狀態。然後冷卻至與體溫相當的程度。

④ 待②的果泥溶化，全體的溫度下降之後，將打至7分發的鮮奶油分成2次加入，每次加入時都要以打蛋器攪拌（**D**）。

⑤ 將③分成2次加入，每次加入時都要以橡皮刮刀攪拌（**E**）。照片（**F**）為攪拌完畢的慕斯。

POINT

→ 冷凍果泥取2/3量解凍之後，與糖粉一起加熱融合，剩餘的果泥直接以結凍的狀態混拌在一起，就能充分利用新鮮果實的味道。

→ 加入義大利蛋白霜之後，以橡皮刮刀大幅度翻拌，避免弄碎蛋白霜的氣泡，攪拌成鬆軟的狀態。

瑞士蛋白霜

① 將蛋白和細砂糖放入缽盆中，隔水加熱，以打蛋器攪拌（**A**）。觸摸時如果感到溫熱，即可移入攪拌盆中。

② 將①用攪拌機以高速攪拌，打發至如照片所示（**B**），舀起時呈現尖角挺立的狀態。加入糖粉，以橡皮刮刀攪拌。

③ 將②填入裝有口徑7mm圓形擠花嘴的擠花袋中，在鋪有烘焙紙的烤盤中擠出棒狀的蛋白霜（**C**）。以上火、下火都是90℃的層次烤爐烘烤約2小時。暫時放置在室溫中放涼，再分切成2cm的長度。

浸潤用酒糖液

① 將柑曼怡香橙干邑甜酒和糖漿倒入缽盆中混合（**A**）。

組合・最後潤飾

① 將黑醋栗慕斯填入裝有圓形擠花嘴的擠花袋中，擠入直徑5.5cm×高4.5cm的圓形圈模至8分滿的高度（**A**）。

② 將血橙慕斯塗有果醬的那一面朝上，塞入①之中（**B**）。以抹刀把黑醋栗慕斯蓋住果醬，輕輕抹平（**C**）。

③ 將喬孔達彼士裘依蛋糕放入浸潤用酒糖液中迅速浸泡一下。將有烤色的那面朝下，放在②的上面（**D**），以鐵盤等器具從上方按壓，與黑醋栗慕斯緊密貼合。放入冷凍室中冷卻凝固。

④ 取下③的圓形圈模，以刷子將黑醋栗鏡面果膠塗抹在上面，中央各放上少量的柳橙果醬之後，以金箔裝飾（**E**）。

⑤ 黑醋栗慕斯稍微解凍之後，將瑞士蛋白霜隨意黏貼在上面（**F**）。

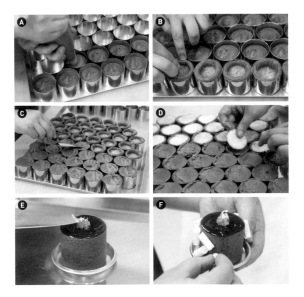

Ryoura

康芙蕾兒

店主兼甜點師
菅又亮輔先生

葡萄柚 × 無花果 × 香料

菅又亮輔先生近幾年意識到的是,「風味的減法」。
意思不是單純地減少使用的素材數量,而是以別的素材消減某種素材原有的多餘風味,
他表示:「可以說是依照搭配素材採用的減法。」以「康芙蕾兒」來說,配合春天的意象,
選用葡萄柚來製作。在這裡與無花果組合在一起,可以緩和葡萄柚的苦味,
同時還能減輕無花果「猶如草腥味的香氣」。還有,在葡萄柚中堆疊香料的香氣,
就能適度地壓住清爽感,呈現適合在還帶有寒意的春天享用的溫暖滋味。
雖然構成很複雜,但各個素材井然有序地露臉,搭配得非常協調。

〔 **材料** 〕 使用模具：直徑5.5cm、高4.5cm的圓形圍模

‣杏仁彼士裘依蛋糕
（容易製作的分量．60×40cm的烤盤1盤份）

蛋黃…80g
蛋白A…60g
杏仁粉…100g
糖粉…100g
蛋白B…200g
細砂糖…120g
低筋麵粉…90g

‣奶酥
（容易製作的分量）

奶油…250g
細砂糖…250g
高筋麵粉…250g
杏仁粉…250g
鹽…5g

‣糖煮無花果
（容易製作的分量）

無花果乾（白）…適量
（可以浸泡在糖漿和水中的程度）
糖漿（波美30度）…300g
水…75g

‣百香果杏桃凝凍
（約29個份）

百香果果泥…45g
柳橙汁…32g
細砂糖…16g
海藻糖…2.5g
明膠片…1.4g
杏桃（冷凍）…22g

‣綜合香料奶油醬
（約33個份）

牛奶…146g
鮮奶油（乳脂肪含量35%）…146g
蛋黃…60g
細砂糖…46g
法式綜合香料粉（Pain d'Epices）…1.2g
明膠片…4.2g

‣葡萄柚慕斯
（15個份）

粉紅葡萄柚果泥…200g
明膠片…10.6g
蘭姆酒（白）…2.6g
鮮奶油（乳脂肪含量35%）…220g
義大利蛋白霜（P.174）…153g

‣葡萄柚香緹鮮奶油
（容易製作的分量）

葡萄柚果醬（P.174）…25g
鮮奶油（乳脂肪含量35%）…200g
黍砂糖…16g

‣組合．最後潤飾

浸潤用糖液（P.174）…適量
糖粉…適量
杏仁脆片（P.174）…適量
糖漬葡萄柚（P.174）…適量
透明鏡面果膠…適量

① 糖煮無花果
② 糖漬葡萄柚
③ 葡萄柚香緹鮮奶油
④ 葡萄柚慕斯
⑤ 百香果杏桃凝凍
⑥ 綜合香料奶油醬
⑦ 杏仁彼士裘依蛋糕
⑧ 奶酥

〔 **作法** 〕

杏仁彼士裘依蛋糕
前置準備：杏仁粉和糖粉混合過篩

① 將蛋黃和蛋白A放入缽盆中混合，以隔水加熱等方式加熱至與體溫相當的程度。

② 將①以網篩過濾之後，移入攪拌盆中，加入已經混合的杏仁粉和糖粉，用攪拌機以中速攪拌。

③ 將蛋白B放入另一個攪拌盆中，再將細砂糖分成3次加入，每次加入時都要以攪拌機攪拌，製作出硬而堅挺的蛋白霜。

④ 舀起一勺③加入②之中，以橡皮刮刀攪拌融合。加入剩餘的③，一邊逐次少量地加入低筋麵粉一邊充分攪拌。

⑤ 將④倒入鋪有烘焙紙的60×40cm烤盤中，以抹刀抹平。以190℃的旋風烤箱烘烤約10分鐘。暫時放置在室溫中放涼。

奶酥

① 將奶油切成1cm小丁。將奶油與細砂糖、高筋麵粉、杏仁粉、鹽放入攪拌盆中，用攪拌機以低速攪拌。集中成一團之後即可結束攪拌。

② 以派皮壓麵機將①壓薄成2mm的厚度，放在鋪有透明膠片的鐵盤中，在冷藏室中放置2小時。

③ 以壓模將②壓出直徑5.3cm的圓形，排列在鋪有SILPAT烘焙墊的烤盤中，以160℃的旋風烤箱烘烤約12分鐘。暫時放置在室溫中放涼（**A**）。

糖煮無花果

① 將無花果乾切成1cm小丁。

② 將糖漿和水倒入鍋子中以火加熱，沸騰之後加入①，以小火熬煮（**A**）。煮至竹籤可以迅速插入之後，倒在缽盆中冷卻。瀝乾汁液之後，放入冷藏室中保存（**B**）。

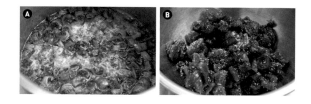

百香果杏桃凝凍
前置準備：明膠片以冷水泡軟

① 將百香果果泥和柳橙汁放入缽盆中，以微波爐加熱至40℃。加入細砂糖和海藻糖（**A**），以打蛋器攪拌溶勻。

② 加入已經泡軟的明膠片攪拌溶勻。

③ 將冷凍的杏桃在結凍的狀態下切碎（**B**），加入②之中，以橡皮刮刀充分攪拌（**C**）。

④ 將③各倒入4g在口徑4cm×高2cm的矽膠烤模中（**D**）。放入急速冷凍庫中冷卻凝固。

POINT
- 為了充分利用水果的風味和顏色，請留意不要將百香果果泥和柳橙汁加熱過度。
- 冷凍的杏桃解凍之後顏色會變得不好看，所以直接使用結凍的杏桃。

綜合香料奶油醬
前置準備：明膠片以冷水泡軟

① 將牛奶和鮮奶油放入鍋子中，以火加熱煮沸。

② 在進行①時，同時進行以下的作業。將蛋黃放入缽盆中，依照順序加入細砂糖、法式綜合香料粉（**A**），每次加入時都要以打蛋器研磨攪拌。

③ 將①的半量加入②之中，以打蛋器攪拌（**B**），然後倒回①的鍋子中。以小火加熱，一邊以打蛋器攪拌一邊煮至82℃為止（**C**）。

④ 將已經泡軟的明膠片加入③之中攪拌溶勻。然後以網篩過濾，移入缽盆中（**D**），底部墊著冰水，一邊以橡皮刮刀攪拌，一邊冷卻至22～23℃為止。

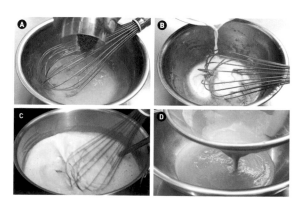

葡萄柚慕斯

前置準備：明膠片以冷水泡軟／鮮奶油打至8分發之後調整成約6℃／義大利
蛋白霜調整成約24℃

① 粉紅葡萄柚果泥以微波爐加熱至40℃。

② 將已經泡軟的明膠片和蘭姆酒加入①之中，以橡皮刮刀攪拌溶勻
（**A**）。缽盆的底部墊著冰水，一邊攪拌一邊冷卻至16℃為止。

③ 將打至8分發之後調整成約6℃的鮮奶油再次打成8分發。放入裝
有已調整成約24℃的義大利蛋白霜（**B**）的缽盆中，使用橡皮刮
刀的平坦面以攪散整團蛋白霜塊的方式大略攪拌。照片（**C**）為攪
拌完畢的狀態。

④ 一邊將②的半量逐次少量地加③之中，一邊用橡皮刮刀以從底部
舀起的方式翻拌。將剩餘的②以同樣的方式加入攪拌（**D**）。

POINT

→ 為了充分利用水果的風味和顏色，請留意不要將粉紅葡萄柚果泥加熱過
度。要加在一起的鮮奶油和義大利蛋白霜也因這相同的目的，預先調整
成適當的溫度。

→ 以「將明膠拌入加熱過的果泥中，冷卻至變得濃稠，再將它拌入鮮奶油
和義大利蛋白霜的瞬間會開始變硬的想法」（菅又先生）調整的話，就
不易發生離水現象。

葡萄柚香緹鮮奶油

前置準備：鮮奶油打至8分發之後調整成約6℃

① 將葡萄柚果醬放入缽盆中，加入打至8分發之後調整成約6℃的鮮
奶油、黍砂糖，以打蛋器攪拌之後充分打發起泡（**A**&**B**）。

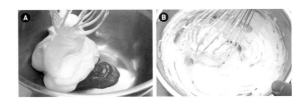

組合・最後潤飾

前置準備：將糖漬葡萄柚切成細長的三角形

① 在已裝入百香果杏桃凝凍的矽膠烤模中，各放上2塊左右的糖煮無
花果，再以麵糊分配器各注入12g的綜合香料奶油醬（**A**）。放
入急速冷凍庫中冷卻。

② 將杏仁彼士裘依蛋糕以壓模壓出直徑3.8cm的圓形，將有烤色的那
面朝下排列在一起，用刷子塗上浸潤用糖液（**B**）。

③ 將透明膠片貼在鐵盤上，把直徑5.5cm×高4.5cm的圓形圈模排列在
上面，然後將酥有烤色的那面朝上，放入圓形圈模中（**C**）。

④ 將葡萄柚慕斯填入擠花袋中，擠入③的圓形圈模中直到一半的高
度。以湯匙的背面先抹平之後，再推薄至圓形圈模的邊緣，形成
研磨缽狀（**D**）。

⑤ 將②塗上浸潤用糖液的那面朝下，放入④之中（**E**）。

⑥ 將①從矽膠烤模中脫模，把凝凍的那面朝上，放入⑤之中，以手
指用力按壓讓它沉入圓形圈模一半左右的高度為止（**F**）。感覺
貼住先放入的彼士裘依蛋糕的底部就OK了。

⑦ 將葡萄柚慕斯擠滿至圓形圈模的邊緣，然後以抹刀抹平。放入急
速冷凍庫中冷卻凝固。

⑧ 以瓦斯噴槍炙烤⑦的側面，取下圓形圈模，放入冷凍室中冷卻。

⑨ 將小刀刺入⑧的上面拿起來，在側面均勻地撒滿糖粉（**G**）。放
在鐵盤上，拔出小刀。

⑩ 以抹刀將葡萄柚香緹鮮奶油薄薄地塗抹在上面，中央整理成稍微
高起的平緩小丘狀（**H**）。

⑪ 將葡萄柚香緹鮮奶油填入裝有星形擠花嘴的擠花袋中，在⑩的上
面擠出2個玫瑰的形狀。

⑫ 放上杏仁脆片和切好的糖漬葡萄柚，再將糖煮無花果塗上透明鏡
面果膠之後裝飾在上面。

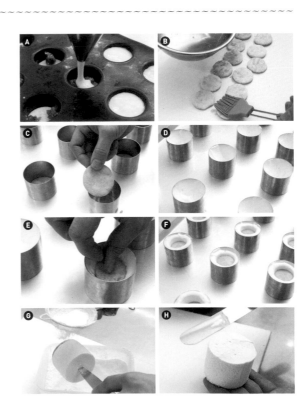

充分展現甜點師個性的耀眼創意甜點

PÂTISSERIE JUN UJITA

❶ 巧克力蛋糕

❷ 檸檬塔

❸ 安地列斯

Pâtisserie Yu Sasage

❷ 柑橘薩瓦蘭蛋糕

❶ 珠寶

❸ 草莓夏爾蒙

Pâtisserie PARTAGE

❶ 巧克力薄荷

❷ 阿芙蘿黛蒂

❸ 萊姆蛋糕

本專欄將介紹15名成為話題人物的甜點師所親手製作、富有原創性的小蛋糕。
介紹的焦點將放在素材的使用方式、季節感的呈現方式、經典甜點的改造方法等，與小蛋糕相關的各種主題和為了表現主題的創意。

PÂTISSERIE JUN UJITA | 店主兼甜點師 宇治田 潤先生

❶

表現出輕盈和沉重的對比，
用紅酒營造出成熟的印象

沉甸甸的打發甘納許許，「可可的含量高，又帶有適度的酸味，所以即使做出的口感較為凝重也不會太過濃膩。」宇治田先生說道。以法芙娜「瓜納拉」巧克力（可可含量70%）製作巧克力甘納許，打至7～8成發。重點在於紅酒。加入大量蛋白霜、輕盈的巧克力蛋糕體，放上巧克力甘納許後烘烤至表面變得硬脆，再迅速浸泡一下紅酒糖漿。將紅酒無花果糖漿倒在打發甘納許上直到會滴落的程度。

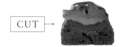

❷

以紅醋栗使檸檬的酸味
有所變化的檸檬塔

「把紅醋栗的酸味和澀味加進檸檬塔中，突顯出檸檬的風味。」宇治田先生說道。在義大利蛋白霜中加入紅醋栗果泥到稍微染色的程度，並且在檸檬奶油醬的下面薄薄地鋪上紅醋栗凝凍，以恰當的平衡增添紅醋栗的特質。經過充分烘烤後做出酥脆口感的甜塔皮，與質地黏稠但會瞬間滑順地融化的檸檬奶油醬契合度佳，檸檬新鮮濃烈的香氣和塔皮的香味互相襯托。

❸

利用蘭姆酒提升咖啡
和微苦焦糖的風味

位於加勒比海的安地列斯群島是創意的來源。「安地列斯群島上蘭姆酒的生產似乎很興盛，所以我以蘭姆酒為主題設計出這款蛋糕。」宇治田先生說道。杏仁傑諾瓦士蛋糕是加入同店的咖啡店也有供應的丸山珈琲綜合咖啡豆和肉桂製作而成，塗上蘭姆酒之後夾住蘭姆酒漬葡萄乾、焦糖香蕉、焦糖奶油霜。葡萄乾用蘭姆酒醃漬到仍保留適度咬勁的程度等，口感的反差這類細節也都注意到了。

Pâtisserie Yu Sasage | 店主兼甜點師 捧 雄介先生

❶

從素材的搭配度來考量，
莓果×巧克力×紅茶的共同演出

底座是巧克力酥餅，疊上巧克力彼士裘依蛋糕之後，再放上紅茶巧克力慕斯。慕斯當中包藏著草莓等紅色果實的果泥、覆盆子慕斯。鏡面巧克力閃耀著光輝，再以覆盆子、草莓、紅醋栗、白巧克力工藝點綴。「將莓果、巧克力和紅茶這類分別都是搭配度很高的素材加在一起。」捧先生說道。從素材的搭配來發想小蛋糕的構成是捧先生的拿手本領。

❷

在玻璃杯中填滿柑橘的魅力，
以金柑為主角的薩瓦蘭蛋糕

隨季節更換內容供應的玻璃杯甜點薩瓦蘭蛋糕是同店的一款經典商品。品名中的「柑橘」（Agrume）是由冬季更迭至春季的期間販售的各式柑橘類水果，以金柑為中心在玻璃杯中裝入滿滿的柑橘魅力。讓金柑糖漿和橘子利口酒滲入薩瓦蘭蛋糕體中，接著把卡士達醬、糖漬蜜柑、糖煮金柑、新鮮的蜜柑和八朔橘、君度橙酒風味香緹鮮奶油往上堆疊。最後以糖煮金柑和紅醋栗裝飾。

❸

以草莓和白巧克力組成，
紅×白的鮮豔色調

主角是草莓果泥和白巧克力慕斯。榛果彼士裘依蛋糕的香味，承接住使用白巧克力製作的慕斯那溫醇的牛奶味。此外，中間夾住以榛果果仁醬、牛奶巧克力和法式薄餅碎片混合而成的配料，為慕斯、果泥和彼士裘依蛋糕這類柔軟的配料增添酥酥脆脆的口感，呈現出立體感。上面以草莓果醬覆蓋，再利用草莓和紅醋栗點綴。「當時很想表現紅與白的色調所形成的對比。」捧先生說道。

Pâtisserie PARTAGE | 店主兼甜點師 齋藤由季女士

❶

以溫和的風味表現
經典的巧克力薄荷味

由法國亞爾薩斯天狼星（Wolfberger）公司的薄荷利口酒發想出來的小蛋糕。以質地濕潤入口化的薩赫蛋糕為容器，填入風味清爽和柔和的綠色都充滿魅力的薄荷慕斯，再擠上口感輕盈的巧克力香緹鮮奶油。包藏在中央的菲荷林「特級苦甜巧克力」（可可含量52%）慕斯做成溫和的風味，與薄荷纖細又爽口的味道相當契合。「我重視容易入口的感覺，以溫和的風味呈現一致性。」齋藤女士說道。

❷

華麗的泰莓非常適合
搭配香料的風味

有著華麗風味的泰莓是主角。在以壓模壓出菊形後烘烤而成的肉桂風味林茲蛋糕體上塗抹泰莓果醬，然後夾住散發出肉豆蔻、小豆蔻和肉桂等香氣的斯派庫魯斯餅乾風味芭芭露亞。裡面包藏著洋溢果實味的泰莓果泥。在上面那片林茲蛋糕體挖空2個大小各異的洞，倒入泰莓果醬，讓果醬挑起主角的素材。要意識到相對於4mm厚的底座，上面的蛋糕體厚度是1.5mm的話，叉子比較容易插入。

❸

濃厚的奶油霜和
清爽的萊姆的組合

鮮豔的萊姆綠令人印象深刻的一款小蛋糕。散發出萊姆香氣的奶油霜，儘管突顯出柑橘的清爽感，卻不會太過輕盈，做出扎實的味道和口感。為了營造一致的感覺，與濃厚的開心果彼士裘依蛋糕組合在一起。疊在彼士裘依蛋糕上面，以覆盆子、黑醋栗、紅醋栗、草莓這類紅色果實製作的酸甜果醬，增添了特殊風味。在以巧克力噴槍噴上白巧克力之前，將萊姆皮刨碎撒在上面，強調萊姆的香氣。

Libertable

❶ 甦醒

❷ 邏輯

❸ 艾麗榭

Pâtisserie Rechercher

❶ 吉力馬札里

❷ 白雪

❸ 80

acidracines

❶ 栗子馬卡龍

❷ 黑森林蛋糕

❸ 巧克力蛋糕

Libertable | 店主兼甜點師 森田一頼先生

❶
**來自「用油來炸」的靈感，
將蜂斗菜做成小蛋糕**

因為想用蜂斗菜做小蛋糕所設計出來的一款蛋糕。「說起讓蜂斗菜吃起來很美味的調理法，就是天婦羅。」森田先生這麼想著，便以天婦羅「用油來炸」的調理法為靈感，將蜂斗菜揉進使用具有油脂的奶油製作的千層派皮麵團中，烘烤成派皮。「我的構想是用奶油的油脂來炸烤蜂斗菜。」森田先生說道。將拌入油菜花添加了苦味的慕斯琳奶油醬夾入千層派皮之間，再以草莓、油菜花、食用花瓣裝飾，讓配色更繽紛。

❷
**大吟釀的水果香氣呼應洋梨的味道
使風味大為提升**

以名為金啤梨（Le Lectier）的洋梨和大吟釀日本酒的組合來提案。大吟釀的水果香氣和洋梨的風味堆疊在一起，相得益彰。底座是巧克力達克瓦茲，疊上裡面暗藏著糖煮金啤梨的金啤梨芭芭露亞。然後再疊上喬孔達彼士裘依蛋糕，放上添加了大吟釀酒糟的焦糖風味慕斯。表面覆蓋著加入了占度亞巧克力和洋梨白蘭地的糖霜，最後以巧克力工藝和半乾金啤梨點綴。

❸
**改造傳統的法式草莓蛋糕，
草莓的2種口感讓味道更深厚**

「好想吃用草莓做的蛋糕。」因為接受顧客這樣的要求而開發出來的商品。以傳統甜點法式草莓蛋糕為基礎，森田先生發揮他獨有的自由創意重新改造。中心放入整顆草莓，周圍包覆慕斯琳奶油醬、喬孔達彼士裘依蛋糕，做成蛋糕卷的樣子。將切成薄片的草莓貼在表面，以鏡面果膠固定後撒上食用花瓣。中心的草莓是整顆直接使用，表面的草莓則切成薄片，變換切法也可以享受到口感的變化。

Pâtisserie Rechercher | 店主兼甜點師 村田義武先生

❶
**反轉裡外的配料味道，
利用新創意讓現有商品煥然一新**

周圍是調配了覆盆子果泥的牛奶巧克力慕斯，中心是咖啡甘納許和覆盆子凝凍，底部則是氣孔緊實的巧克力布朗尼。這是將覆盆子牛奶巧克力甘納許的周圍以黑巧克力咖啡慕斯包覆起來的經典商品所重新改造而成。「比起一開始就感覺到咖啡，將咖啡隱藏在覆盆子和牛奶巧克力的味道之中，讓咖啡的澀味包覆在牛奶巧克力溫和的味道裡，這樣的搭配使味道更為協調。」村田先生說道。

❷
**在滑潤黏稠入口即化的口感中
散發出香料的香氣**

這是將軟硬度做到可以保形至最大限度的生乳酪蛋糕。以質地鬆軟輕盈且滑潤黏稠入口即化為特色。「使用同等比例的乳脂肪含量75％濃厚的BUKO奶油乳酪和鹹味適中的kiri奶油乳酪，然後加入鹽，強調乳酪這個素材的印象。控制甜度，做成也適合佐葡萄酒的甜點。」村田先生說道。森加森加拉種的草莓和糖煮紅醋栗恰當的酸味和澀味，以及底座做成黏糊口感的香料麵包的香氣，增添了特殊風味。

❸
**巧克力甘納許、蛋糕體的味道
都很強勁，以厚重感為訴求**

「構想來自於法國版的薩赫蛋糕。」村田先生說道。具有厚重感的薩赫蛋糕，與使用Pralus「FORTISSIMA」調溫巧克力（可可含量80％）製作的、黏糊的巧克力甘納許相疊成6層。為了讓薩赫蛋糕的存在感不遜於巧克力甘納許，使用大量的蛋黃和杏仁粉讓味道更香醇，再塗上調配了「干邑白蘭地V.S.O.P.40°」的糖漿。「干邑白蘭地的木香與FORTISSIMA調溫巧克力帶有的強烈可可感非常對味。」

---

acidracines | 店主兼甜點師 橋本 太先生

❶
**咖啡的苦味和蘭姆酒的清爽口感，
是一款散發男性芳香的馬卡龍蛋糕**

馬卡龍的甜度搭配什麼可以使味道保持均衡呢？橋本先生認為，「添加甜味的話當然太過了。試圖以咖啡的苦味和蘭姆酒的清爽口感來調和的話，會變得很有意思。」在咖啡馬卡龍中以法國製咖啡濃縮液增添苦味，刻意突顯出味道。將加入了蘭姆酒、有相當厚度的芭芭露亞，以咖啡甘納許和黑巧克力甘納許夾住，包藏在馬卡龍的中央。以栗子慕斯琳奶油醬覆蓋周圍，再以糖煮栗子等點綴。

❷
**強調櫻桃酒和櫻桃風味的
「經典甜點・自成一格」**

黑森林蛋糕的味道構成保持正統的型式，但更新為強調櫻桃酒和莫里歐特櫻桃風味的型式。將莫里歐特櫻桃的果泥和果實，以調配了較多的蛋、帶有濃厚櫻桃酒風味的芭芭露亞夾住，再用塗上大量櫻桃酒的巧克力喬孔達彼士裘依蛋糕捲起來。中間的莫里歐特櫻桃果實不以櫻桃酒醃漬，而是添加了檸檬和大茴香香氣的糖煮櫻桃，這點也很重要。以巧克力工藝和香緹鮮奶油完成頗富玩心的設計。

❸
**以口感差異擴展出的巧克力魅力，
享受融入口中有時間差的作法**

思索著「以巧克力設計出口感變化很大的一款小蛋糕」（橋本先生），以使用的油脂和油脂含量的變化將巧克力發展成各種配料，層層相疊。為了使配料從上層開始依序在口中融化，從上方起依序配置鏡面巧克力、牛奶巧克力慕斯、巧克力彼士裘依蛋糕、巧克力甘納許、與法式薄餅碎片調拌的果仁醬、榛果、巧克力布朗尼。在慕斯中加了橙花水，彼士裘依蛋糕中加了杏仁膏，巧克力甘納許中加了干邑白蘭地，風味也隨之上升。

M-Boutique OSAKA MARRIOTT MIYAKO HOTEL

① 異國喜悅

② 酸甜滋味

③ 蘑菇

pâtisserie VIVIenne

① 米布丁

② 百香果核桃

③ 瑪莉

UN GRAND PAS

① 閒聊

② 春季時節

UGP

③ 小絨球

UGP

M-Boutique OSAKA MARRIOTT MIYAKO HOTEL | 飲料部點心料理長 **赤崎哲朗**先生

❶

呈現春夏氣氛的
南國風味和「入喉感」

強調南國水果風味的慕斯和凝凍是主角。適合春夏季節的一款小蛋糕，不只是風味，就連口感也採用配合季節的作法。赤崎先生追求的是「滑順的入喉感」。慕斯和凝凍做成滑溜的口感和滑順的舌面觸感。底座的杏仁傑諾瓦士蛋糕也烤成鬆軟輕盈的蛋糕體，塗上大量的柳橙等柑橘類的糖漿，做出入口即化的成品。以椰絲、手指餅乾、覆盆子等裝飾。

CUT →

❷

以「酸甜滋味」為主題，
櫻桃和開心果的綜合技法

設計概念是「酸甜滋味」。開心果分別製作成底座的法式酥餅、彼士裘依蛋糕和上面的慕斯琳奶油醬。將櫻桃利口酒塗在彼士裘依蛋糕上，並且把糖煮莫里歐特櫻桃暗藏在慕斯琳奶油醬中，使開心果和櫻桃融合。最後潤飾時，用以糖煮櫻桃的煮汁製作的糖霜使表面變成暗紅色。馬斯卡波涅乳酪奶油醬的作用是使味覺和口感保持平衡，刻意不將它包藏在中間，而是混合開心果脆片之後做成紡綞形作為頂飾配料。

CUT →

❸

細心烹煮的奶油醬是重點，
添加鹽和蘭姆酒讓味道更深厚

在泡芙皮之中，填入使用大溪地產的香草莢製作、充滿香氣的外交官奶油，和炒過之後已經焦糖化的香蕉。利用希布斯特醬作為泡芙的上蓋，再將它的上面充分焦糖化。在泡芙皮中加鹽，在外交官奶油和香蕉中加入蘭姆酒好好地調味，使味道更深厚。作法的重點坦白說就是「把奶油醬烹煮得很美味」（赤崎先生）。奶油醬滑順的舌面觸感和泡芙皮的口感所形成的對比也深具魅力。

CUT →

---

pâtisserie VIVIenne | 店主兼甜點師 **柾屋哲郎**先生

❶

在質樸的米甜點中
增添熱帶風味

將法國的家庭甜點改造成異國風味。使用椰奶代替牛奶，將秋田縣產無農藥栽培的米熬煮成充滿牛奶風味的米布丁，裡面則包藏著加了柳橙汁、檸檬汁、肉桂和辣椒製作而成的糖煮鳳梨。頂飾配料是切成薄片之後烤乾的鳳梨。除了外觀看起來很華麗之外，硬脆的口感也增添了特殊風味。撒點附加提供的給宏德鹽，為全體的味道提味，更能突顯出甜味。

❷

將味醂酒糟「殘梅」烘烤得
香氣四溢，風味獨特

使用從岐阜縣的白扇酒造購入的味醂酒糟「殘梅」製作成風味獨特的小蛋糕。「烘烤殘梅的時候會散發出像堅果一樣的香氣」柾屋先生說道。在塔皮上疊放微微散發出百香果香氣而且加入了核桃，味道清爽的焦糖，再疊上咖啡奶油醬、杏仁膏，然後鋪滿烘烤過的殘梅。殘梅淡淡的酒香交疊在甜味、酸味、苦味之中，產生複雜卻又平衡的味道。烘烤過的殘梅和核桃也增添了特殊的口感。

❸

入口即化的鬆軟感和
春意盎然的色調充滿魅力

綠色和粉紅色這些春意盎然的色調引誘眾人的目光。「正因是維林杯（verrine）才能使完成的口感表現得更完美。」柾屋先生說道。把納入草莓果醬的開心果奶油醬做成黏稠的糊狀，草莓希布斯特醬則做成鬆軟的質地，並將上面焦糖化之後添加了甜味和苦味。配置在中央的新鮮草莓也呈現出春天的感覺。使用的草莓是從當令的品種之中，選用Tochiotome和紅頰草莓等酸味較重且水分少的草莓，與甜味相互平衡。

UN GRAND PAS | 店主兼甜點師 **丸岡丈二**先生

❶

將柑橘的微苦和堅果的香醇
在香料的輔助下變得更芳香

血橙×榛果是丸岡先生喜歡的組合。在那裡面添加了香草、大茴香和肉桂等的風味，發展成「成熟的味道」。在構成方面，分別是放上榛果的達克瓦茲、香料風味的慕斯、熱內亞麵包、血橙凝凍、榛果巧克力慕斯。在血橙舒服的苦味和酸味之中，立刻迎來榛果的濃醇和香味。變得複雜的這個味道，藉由香料的芳香轉變得更加飽滿香濃。

❷

染上櫻花色的千層派，
以擠花的變化營造迷人魅力

使用櫻花濃縮液，為風味和顏色染上春色。製作出的9種配料，分別是在加入櫻花濃縮液之後煮好的卡士達醬中調配奶油而成的慕斯琳奶油醬，烤到快要焦掉、充分焦糖化後有著酥脆口感的千層派皮，還有莫里歐特櫻桃凝凍。為了避免千層派皮吸收水分之後破壞口感，慕斯琳奶油醬要以奶油較多的配方製作，這點非常重要。以星形擠花嘴和圓形擠花嘴等變換慕斯琳奶油醬的擠花法，完成令人心情愉悅的設計。

❸

優點是慕斯和底座都很輕盈，
酸酸甜甜的春夏風味

「以『熱帶風情』為主題，做出慕斯是主角的清爽味道」（丸岡先生）所設計而成的春夏商品。將芒果風味和覆盆子風味這2種口感鬆軟的慕斯相疊，中間包藏著入口即化的荔枝凝凍。「以杏仁奶油醬或杏仁卡士達醬製作的話，口感會變得很凝重，所以在底座的甜塔皮中填入焦糖布丁。」丸岡先生說道。焦糖布丁中添加覆盆子的果實，以果實的酸味為焦糖布丁的甜味提味，使它更加接近適合春夏的味道。

CUT →

PÂTISSERIE BIGARREAUX

❶ 珂凱特

❷ 乳酪男爵

❸ 芳婷

Shinfula

❷ 無花果塔

❶ 野草莓荔枝

❸ 蘋果芒果

Relation

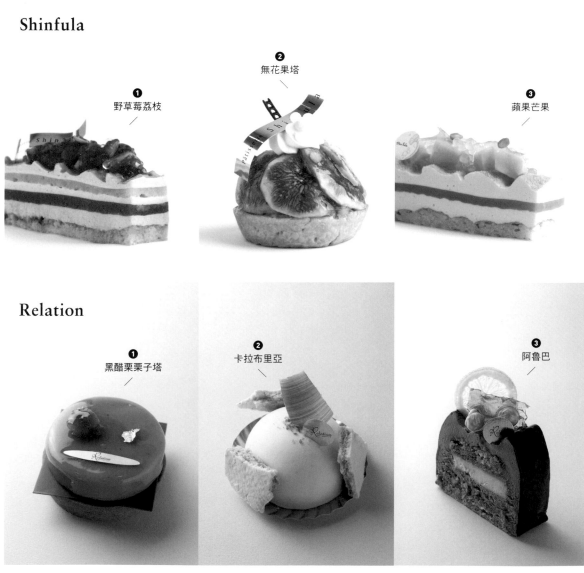

❶ 黑醋栗栗子塔

❷ 卡拉布里亞

❸ 阿魯巴

PÂTISSERIE BIGARREAUX | 店主兼甜點師 石井 亮先生

❶

與泰莓華麗的香氣交疊，
玫瑰和伯爵紅茶的微妙感

在試吃泰莓果泥的時候，石井先生說：「感覺到和玫瑰一樣的香氣。」因此，他設計出在泰莓中添加玫瑰利口酒，再加入與玫瑰很契合的伯爵紅茶所做成的小蛋糕。將玫瑰的香氣與泰莓輕柔交疊的慕斯、伯爵紅茶慕斯、泰莓覆盆子凝凍、塗上伯爵紅茶玫瑰糖漿的彼士裘依蛋糕層層相疊。

❷

以白酒和優格做出爽口的味道，
專為夏天設計的生乳酪蛋糕

將以生乳酪蛋糕為構想的現有小蛋糕，變更慕斯的配方後做出的改良版。在奶油乳酪中加入同量的優格，再調配白葡萄酒所完成的慕斯，除了有深厚的味道，也有洋溢著夏日感的爽口味道。將混合大黃、紅醋栗、草莓做成的糖煮水果以稍厚的分量暗藏在慕斯中，表面披覆香緹鮮奶油和海綿蛋糕碎屑。

❸

以大量的果泥和果汁調配成的
「徹底輕盈的」奶油霜

主題是「超越慕斯，徹底輕盈的奶油霜」（石井先生）。在混合素材的順序、蛋白霜的硬度和溫度等方面多費點心思，調配了「分量超過尋常」的覆盆子果泥和果汁，做出充滿果實味的奶油霜。為了呈現奶油霜的魅力，構成方面很簡單。將紅醋栗凝凍、塗有迷迭香風味糖漿的喬孔達彼士裘依蛋糕等層層相疊。

Shinfula | 店主兼甜點師 **中野慎太郎**先生

❶

以荔枝襯托
野草莓的風味

這是在夏季限定販售的一款小蛋糕。將野草莓慕斯、野草莓凝凍、荔枝凝凍層層相疊。以荔枝柔和的香氣襯托野草莓的酸甜味道。就連底座的喬孔達彼士裘依蛋糕，也是放上弄碎的冷凍覆盆子之後再烘烤，藉以增添果實的風味。以草莓、野草莓，和草莓果醬裝飾，完成外觀也很華麗的小蛋糕。

❷

以桑格莉亞水果酒的風味
強調無花果的美味

法式料理中經典的餐後甜點紅酒煮無花果是靈感的來源。無花果切成薄片再撒上砂糖，然後浸漬在自製的桑格莉亞水果酒糖漿中，冷藏1週以上。在填入杏仁奶油餡之後烘烤而成的酥脆塔皮上，擠出優格風味的香緹鮮奶油，然後擺上沾裹著桑格莉亞水果酒風味的無花果。添加優格的清爽酸味可以呈現輕盈感。

❸

芒果的濃厚味道中
輕輕飄散出香料的香氣

以從沖繩・石垣島的簽約農家購入的芒果為主角，鮮豔的維他命色系很醒目的小蛋糕。將夾住芒果百香果凝凍的芒果慕斯疊放在達克瓦茲的上面。以大量的新鮮芒果、散發出黑胡椒和大茴香等香料香氣的芒果百香果凝凍、糖漬柳橙作為頂飾配料，展現水果的魅力。

Relation | 店主兼甜點師 **野木将司**先生

❶

設計出慕斯×塔皮、
栗子×黑醋栗的協調

以「黑醋栗的酸味和栗子的甜味兩者的協調」為主題。將手指餅乾、黑醋栗奶油醬和黑醋栗果實填滿甜塔皮，再將牛奶巧克力片和栗子芭芭露亞依順序疊在上面。「不論什麼糕點都可以這麼說，不是只有柔軟的配料引人注目，就連塔皮也確實地具有存在感，全部配料的一體感與美味程度息息相關，這是我的理念。」（野木先生）。

❷

香檸檬的酸味和
香蕉的甜味譜成的協奏曲

以擁有清爽的酸味和香氣的香檸檬為靈感起點，發揮創意的小蛋糕。以香檸檬果泥製作成慕斯，疊在達克瓦茲上面，再附加烤好的蛋白霜脆餅。在慕斯當中有新鮮的香蕉和草莓凝凍。考量到要以香蕉黏糊的甜味搭配香檸檬的酸味，而且為了使兩者能順利地重疊，所以選擇使用草莓來擔任連結這兩者的角色。

❸

使用義大利的經典素材
以簡單的組合表現豐富的味道

以義大利的經典素材榛果和檸檬為主題製作而成的一款小蛋糕。雖是簡單的組合，但是調配了大略切碎的榛果製作而成的達克瓦茲，與巧克力榛果慕斯和檸檬奶油醬柔軟的口感互相結合，打造出充滿節奏感的口感和豐富的味道。以焦糖榛果和檸檬切片裝飾，就連在視覺上也直接地表現出主題。

grains de vanille

❶ 阿爾代什

❷ 艾琳娜

❸ 杜林

PÂTISSERIE LACROIX

❶ 白夜

❷ 香緹鮮奶油蛋白霜餅

❸ 1978

Ryoura

❶ 早晨

❷ 摩卡蛋糕

❸ 幻想

grains de vanille | 店主兼甜點師 **津田励祐**先生

❶

**將使用栗子製作的經典甜點
改造成以栗子為主角的秋日款式**

加入了大量的栗子醬並且充分乳化的奶油霜，入口即化的口感和栗子的濃厚風味是它特有的味道。暗藏在其中的黑巧克力奶油醬和咖啡烤布蕾微微的苦味，能為全體提味。底部的馬卡龍上面疊放了栗子碎粒，進一步強調栗子的風味。以沾裹了糖衣的杏仁包覆在周圍，提升口感和外觀的印象。

CUT →

❷

**結合紅酒×柳橙×肉桂
予人桑格莉亞水果酒的印象**

輕輕散發出肉桂香氣的彼士裘依蛋糕，和以法國南部隆河丘的紅酒製作的慕斯兩層相疊，裡面還包藏著疊在一起的血橙慕斯和凝凍。儘管是水果味卻還是很香醇的紅酒風味，與血橙的清爽酸味很對味，再疊上肉桂的香氣，形成深厚的味道。以紅酒鏡面果膠和莓果類裝飾成華麗的甜點。

CUT →

❸

**以多樣的配料呈現出
滋味滿溢的栗子魅力**

將撒上栗子碎粒的濃厚栗子慕斯，以核桃彼士裘依蛋糕夾住，再疊上調配了大量鮮奶油、口感輕盈的栗子慕斯。頂端是以聖多諾黑擠花嘴擠出的栗子奶油香緹鮮奶油。最後潤飾時，由上方淋下的鏡面巧克力呈現賞心悅目的外觀。拌入彼士裘依蛋糕中的胡椒，辛辣的刺激風味是賞味時的重點。

CUT →

PÂTISSERIE LACROIX | 店主兼甜點師 **山川大介**先生

❶

**以巧克力加深
百香果的印象**

添加了百香果鮮明酸味的奶油醬位居主角的一款甜塔。顧及只有百香果的酸味的話會變得很單調，所以納入巧克力甘納許增添香醇滋味。此外，在甜塔皮中拌入肉桂，加深對整體香氣的印象。考慮到巧克力甘納許搭配百香果酸味的契合度，將黑巧克力和牛奶巧克力這2種巧克力以4比6的比例混合。

CUT →

❷

**將傳統甜點改造成像容易
入口的閃電泡芙一樣的型式**

將以堅果蛋白霜脆餅（Succès）夾住香緹鮮奶油這種傳統型式的「香緹鮮奶油蛋白霜脆餅」保留簡單的配料構成，提出新的設計。將堅果蛋白霜脆餅擠成細長條之後烘烤，再將調配了焦糖的香緹鮮奶油擠在上面，並以榛果和開心果等作為頂飾配料。讓人聯想到閃電泡芙的設計，容易入口的感覺也很吸引人。

❸

**以誕生那年釀造的卡爾瓦多斯
蘋果白蘭地展開發想**

山川先生在購入他誕生的1978年釀造的卡爾瓦多斯蘋果白蘭地之後開始構思。還使用朵茉芮「阿普利馬」巧克力（可可含量75%）徹底追求奢侈的味道。將卡爾瓦多斯和阿普利馬混合後做成滑順的慕斯，裡面暗藏著糊狀的糖煮蘋果。以蘋果的清爽風味接續卡爾瓦多斯和巧克力的芳醇香氣。時尚的外觀也呈現出高級感。

CUT →

Ryoura | 店主兼甜點師 **菅又亮輔**先生

❶

**多樣的水果×優格，
以維他命色系表現「早晨」**

以水果和優格的搭配組合為主題，商品名稱「Matin」是法文「早晨」的意思。裡面包含著百香果＆杏桃凝凍和百香果＆柳橙奶油醬的白巧克力慕斯，上面疊著優格凝凍、新鮮的柳橙，和散發出柳橙香氣的打發甘納許，然後以馬卡龍夾起來。以維他命色系的鮮豔黃色表現清爽的早晨。

❷

**幾乎全部的配料都使用咖啡製作，
使餘味更加綿長**

將兩者都是以咖啡增添風味的傑諾瓦士蛋糕和慕斯琳奶油醬，相互重疊成4層，上面再堆疊咖啡的打發甘納許、做得極薄的巧克力片、加入咖啡的香緹鮮奶油，一款全是各種咖啡配料的簡單小蛋糕。質地輕盈，口感具有適度黏性的傑諾瓦士蛋糕，使咖啡的餘味更加綿長。

❸

**玫瑰和紅色果實的共同演出，
外觀和味道都做得很華麗**

華麗的外觀和味道都充滿魅力的小蛋糕。在以白巧克力調拌的法式薄餅碎片上面，疊上散發出玫瑰香氣的紅色果實慕斯，再將拌入堅果和冷凍乾燥的覆盆子的草莓風味白巧克力包覆在表面。以香緹鮮奶油和玫瑰花瓣等裝飾。中央隱藏著以彼士裘依蛋糕夾住的紅色果實凝凍和奶油醬。

CUT →

讓巧克力
華麗變身的技術

巧克力蘊藏令眾人為之著迷的獨特魅力。以小蛋糕來說，也是基本的材料，有的店家製作出多數人都很熟悉的所謂「巧克力味」，呈現巧克力的萬般風情；有的店家則追求醇厚的味道以因應特別節日的需求，表現方式多樣化也是巧克力的魅力所在。本章將呈現10位著名甜點師巧妙的「巧克力用法」。

ASTERISQUE

阿拉比卡

店主兼甜點師
和泉光一先生

巧克力 × 咖啡

充分利用法芙娜金黃巧克力「如鹽味焦糖一般的風味」（和泉光一先生），
以「金黃巧克力和咖啡的和諧感」為主題構思而成的一款蛋糕。
味道酷似「焦糖咖啡」。將咖啡巧克力慕斯、巧克力奶油醬、
以巧克力榛果醬調拌的法式薄餅碎片、榛果蛋糕
層層相疊。「牛奶巧克力或白巧克力經常與其他口味結合，
為了讓味道平衡，會調配2種以上的巧克力。」和泉先生說道。
這裡也使用了金黃巧克力和牛奶巧克力這2種巧克力，打造出理想的味道。

〔 **材料** 〕 使用模具：60×40cm、高4cm的方形框模（1模66個份）

▸ **榛果蛋糕**
（60×40cm的烤盤2盤份．66個份）

奶油…276g
糖粉…552g
全蛋…1015g
榛果粉…690g
蛋白…219g
乾燥蛋白…1.6g
細砂糖…138g

▸ **咖啡巧克力慕斯**
（約66個份）

咖啡萃取液…由完成品取出588g
├ 咖啡豆（阿拉比卡種）…70g
├ 零陵香豆…2顆
└ 牛奶…694g
明膠片…23.2g
金黃巧克力
（法芙娜「杜絲」／可可含量35%）…1116g
鮮奶油（乳脂肪含量35%）…1201g

▸ **以巧克力與榛果醬調拌的**
法式薄餅碎片
（約66個份）

金黃巧克力
（法芙娜「杜絲」／可可成分35%）…297g
榛果醬…184g
法式薄餅碎片（feuillantine）…297g

▸ **巧克力奶油醬**
（約66個份）

牛奶…531g
鮮奶油（乳脂肪含量35%）…531g
蛋黃…212g
細砂糖…106g
明膠片…12.3g
金黃巧克力
（法芙娜「杜絲」／可可成分35%）…590g
牛奶巧克力
（法芙娜「焦糖牛奶」／可可含量36%）…196g

▸ **組合．最後潤飾**

透明鏡面果膠…適量
噴槍用巧克力（P.174）…適量
咖啡豆…適量
裝飾用巧克力（細片）…適量

① 咖啡巧克力慕斯
② 榛果蛋糕
③ 巧克力奶油醬
④ 以巧克力與榛果醬調拌的法式薄餅碎片

〔 **作法** 〕

榛果蛋糕

前置準備：奶油調整成18℃左右／全蛋打散成蛋液

① 將已經調整成18℃左右的奶油和少量的糖粉，放入食物處理機中攪拌（Ⓐ）。攪拌至某個程度後放入剩餘的糖粉，攪拌至完全融合的狀態。照片（Ⓑ）為攪拌完畢的狀態。
② 加入一半打散成蛋液的全蛋（Ⓒ），再度攪拌。融合至某個程度之後加入剩餘的全蛋，攪拌至完全融合的狀態。
③ 將②移入缽盆中，加入榛果粉後以打蛋器攪拌融合（Ⓓ）。

［ 步驟④以後在次頁↓ ］

④ 將蛋白、乾燥蛋白、細砂糖放入攪拌盆中，以攪拌機攪拌至如照片（**E**）所示，舀起時呈立起尖角的狀態。然後加入③的缽盆，以橡皮刮刀大幅度翻拌至全體變成均勻的狀態為止（**F**）。

⑤ 將④倒入2個鋪有烘焙紙的60×40cm烤盤中，以抹刀抹平（**G**）。以上火、下火都是170℃的層次烤爐烘烤約15分鐘，然後暫時靜置於室溫下散熱。照片（**H**）為烘烤完成的蛋糕片。

POINT
→ 奶油和糖粉要以「與其說是打發，更像是打成糊狀的感覺」（和泉先生）混合攪拌。

咖啡巧克力慕斯

前置準備：明膠片以冷水泡軟／鮮奶油打至7分發

① 製作咖啡萃取液。將咖啡豆和零陵香豆混合，放進食物處理機，磨成稍粗的顆粒。

② 將牛奶倒入鍋中開火加熱，沸騰後關火，加入①（**A**），輕輕攪拌。覆上保鮮膜，放置15分鐘（**B**），然後以網篩過濾。

③ 將②重新煮沸，加入已經泡軟的明膠片攪拌溶勻。

④ 將金黃巧克力放入缽盆中，加入③之後以打蛋器攪拌溶勻（**C**）。拌勻到某個程度，改用手持式攪拌棒，攪拌至出現光澤，完全融合為止（**D**）。

⑤ 將④的缽盆底部墊著冰水，一邊以橡皮刮刀攪拌，一邊冷卻至36℃為止（**E**）。將冷卻後打至7分發的鮮奶油分成2次加入，每次加入時都要攪拌（**F**）。

⑥ 在60×40cm的鐵盤中鋪上尺寸相同的咖啡豆紋路矽膠墊，然後套上60×40cm、高4cm的方形框模。倒入少量的⑤，以抹刀抹開至各個角落（**G**）。先放入急速冷凍庫中冷卻凝固。然後再倒入剩餘的⑤（**H**），以相同方式抹開之後冷卻凝固。

POINT
→ 咖啡豆和零陵香豆在快要使用之前才研磨，充分利用其香氣。

→ 使用咖啡豆紋路矽膠墊成形，完成既獨特又能傳達甜點概念的設計。

→ 為了讓矽膠墊的紋路確實地固定在慕斯的表面，不要將慕斯一口氣全倒進去，先倒入少量，塗布到矽膠墊的各個角落，然後將它冷卻凝固。

以巧克力與榛果醬調拌的
法式薄餅碎片

① 將金黃巧克力放入缽盆中，以微波爐加熱等方式讓它融化，調整
　至40℃。
② 依序將榛果醬和法式薄餅碎片加入①中，每次加入時都以橡皮刮
　刀攪拌（**A**&**B**）。

巧克力奶油醬
前置準備：明膠片以冷水泡軟

① 將牛奶和鮮奶油放入鍋中開火加熱，煮沸。
② 將蛋黃放入缽盆中，以打蛋器打散後加入細砂糖研磨攪拌（**A**）。
　加入少量的①攪拌，接著加入剩餘的①攪拌（**B**）。倒回①的鍋
　中，開火加熱，一邊攪拌，一邊加熱至82℃為止。
③ 將②移離爐火，加入已經泡軟的明膠片攪拌溶勻。
④ 將2種巧克力放入缽盆中，倒入③後以打蛋器攪拌溶勻（**C**）。
　改用手持式攪拌棒，攪拌至出現光澤，變得滑順為止（**D**）。

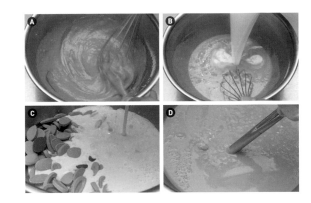

組合‧最後潤飾

① 取1片榛果蛋糕，將有烤色的那面朝下，疊放在已倒入咖啡巧克力
　慕斯的方形框模中，剝下烘焙紙（**A**）。以壓肉板輕輕按壓弄平
　（**B**）。然後放進冷凍室冷卻凝固。
② 將巧克力奶油醬倒在①的上面，再撒上以巧克力與榛果醬調拌的
　法式薄餅碎片（**C**）。
③ 取1片榛果蛋糕，將有烤色的那面朝下，疊放在②的上面，剝下
　烘焙紙（**D**）。將烘焙紙或鐵盤等疊在上面按壓，弄平。然後放
　進冷凍室冷卻凝固。
④ 將③翻面之後取下鐵盤和矽膠墊等，分切成60×12cm的大小。接
　著以噴槍將透明鏡面果膠噴在上面（**E**），再以噴槍噴上巧克力
　（**F**）。
⑤ 分切成12×2.5cm的大小，以咖啡豆和巧克力細片裝飾。

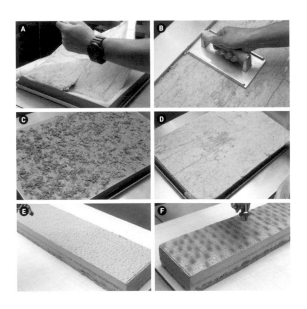

Pâtisserie
Etienne

————

希里阿絲

店主兼甜點師
藤本智美先生

巧克力 × 覆盆子 × 葛里歐特櫻桃

「以簡單又容易入口的巧克力蛋糕為構想」（藤本智美先生）設計出的作品。
主角是不使用明膠，改以巧克力的保形力緊緊凝固，入口即化的慕斯。
底座的蛋糕也不使用麵粉製作，與頂端的巧克力甘納許統一成柔軟的口感。
酸味也是表現入口難易度的重點，使用覆盆子做成凝凍，使用葛里歐特櫻桃
做成慕斯，然後組合成利用時間差感受2種酸甜滋味的結構。
至於巧克力，在慕斯中混合了2種巧克力，追求理想的味道，另一方面，在巧克力甘納許中
則只使用1種巧克力，清楚地呈現原有的味道。降低甜度之後，充分營造出可可的風味。

〔 材料 〕 使用模具：直徑6cm、高3cm的圓形圈模

▸無麵粉蛋糕
（容易製作的分量．38×29cm的方形框模1模份）

細砂糖A…274g
奶油…146g
杏仁粉…346g
全蛋…548g
蛋白…118g
細砂糖B…94g
葛里歐特櫻桃（冷凍）…408g

▸核桃牛軋糖
（容易製作的分量）

奶油…120g
水麥芽…48g
細砂糖…140g
果膠…1.9g
核桃…225g

▸覆盆子零陵香豆凝凍
（20個份）

覆盆子果泥…180g
檸檬汁…16g
零陵香豆…1g
明膠粉…2.2g
水…11g

▸打發的巧克力甘納許
（約20個份）

黑巧克力
（森永商事「CRÉOLE」／可可含量60％）…100g
鮮奶油A（乳脂肪含量35％）…107g
水麥芽…12g
STABOLINE（轉化糖）…12g
鮮奶油B（乳脂肪含量35％）…225g

▸巧克力慕斯
（約20個份）

黑巧克力
（可可巴芮「歐可亞」／可可含量70％）…160g
黑巧克力
（明治「象牙海岸」／可可含量55％）…35g
可可膏…3g
鮮奶油（乳脂肪含量35％）…500g
葛里歐特櫻桃果泥…50g
蛋白…100g
細砂糖…80g

▸組合．最後潤飾

噴槍用巧克力（P.174）…適量
覆盆子…適量
櫻桃酒漬葛里歐特櫻桃…適量
裝飾用巧克力
（巧克力片／黑、牛奶／P.175）…適量

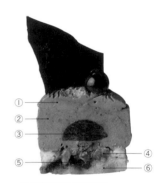

①打發的巧克力甘納許
②巧克力慕斯
③覆盆子零陵香豆凝凍
④核桃牛軋糖
⑤葛里歐特櫻桃
⑥無麵粉蛋糕

〔 作法 〕

無麵粉蛋糕

前置準備：將奶油融化／葛里歐特櫻桃對半切

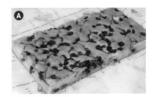
Ⓐ

① 將細砂糖A和已融化的奶油放入缽盆中混合，加入杏仁粉和全蛋之後，攪拌至全體融合為止。
② 將蛋白和細砂糖B放入另一個缽盆中，打至8分發之後與①混合。
③ 將38×29cm的方形框模放在鋪有烘焙紙的烤盤中，倒入②之後抹平，撒上對半切的葛里歐特櫻桃。以170℃的旋風烤箱烘烤約25分鐘，暫時靜置於室溫下散熱。照片（Ⓐ）為烘烤完成的蛋糕。

核桃牛軋糖

前置準備：將細砂糖和果膠混合／核桃切成5mm的小丁

① 將奶油和水麥芽放入鍋子中開火加熱，沸騰後加入已混合的細砂糖和果膠攪拌。

② 將切成5mm小丁的核桃加入①中攪拌，然後移入鋪有SILPAT烘焙墊的烤盤中攤開來。以150℃的旋風烤箱烘烤約20分鐘。

覆盆子零陵香豆凝凍

前置準備：將零陵香豆磨碎／明膠粉混合指定分量的水泡脹

① 將覆盆子果泥、檸檬汁、磨碎的零陵香豆、已經泡脹的明膠粉放入缽盆中混合攪拌，融合至某個程度後，改用手持式攪拌棒充分攪拌。

② 將①裝入擠花袋中，再注入直徑3cm的半球形矽膠烤模中，然後放進冷凍室冷卻凝固。照片（Ⓐ）為已經冷卻凝固的凝凍。

打發的巧克力甘納許

① 將黑巧克力放入缽盆中，隔水加熱融化至40～45℃為止（Ⓐ）。

② 將鮮奶油A、水麥芽、STABOLINE放入鍋中開火加熱，煮沸（Ⓑ）。

③ 將②的半量加入①中，以打蛋器攪拌。全體融合之後加入剩餘的②，改用手持式攪拌棒攪拌至如照片（Ⓒ）所示，充分乳化，出現光澤為止。加入鮮奶油B攪拌（Ⓓ），然後在冷藏室中放置一天左右。

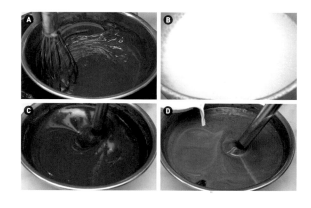

巧克力慕斯

① 將2種黑巧克力和可可膏放入缽盆中，隔水加熱融化至40～45℃為止。

② 將鮮奶油放入另一個缽盆中，以打蛋器打至6分發，加入葛里歐特櫻桃果泥之後以橡皮刮刀攪拌。照片（Ⓐ）為攪拌完畢的狀態。

③ 將蛋白和細砂糖放入攪拌盆中，隔水加熱，一邊以打蛋器攪拌，一邊加熱至70℃為止（Ⓑ）。將攪拌盆與攪拌機組合之後進行攪拌，達50℃後即可停止。

④ 依序將①和③加入②中，每次加入時都要以橡皮刮刀小心攪拌（Ⓒ&Ⓓ）。

POINT

→ 等③的蛋白霜溫度變成50℃之後再進行步驟④，這是做出入口即化慕斯的訣竅。步驟④是「以藉由巧克力吸收鮮奶油和加熱後的蛋白霜的水分為構想」（藤本先生）。為了充分利用蛋白霜的膨鬆感，要迅速進行作業。

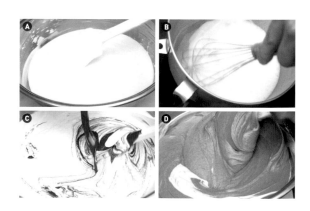

組合・最後潤飾

① 用高5cm的硬質慕斯圍邊圍住直徑6cm×高3cm的圓形圈模內側側面。

② 將無麵粉蛋糕以壓模壓出直徑6cm的圓形（Ⓐ），然後放入①的圓形圈模中（Ⓑ）。用手將核桃牛軋糖剝碎成2cm方形左右的大小，放在上面（Ⓒ）。

③ 將巧克力慕斯填入裝有圓形擠花嘴的擠花袋中，擠入②中直到慕絲圍邊8分滿的高度。以湯匙背面將擠出的巧克力慕斯推薄至慕斯圍邊的邊緣，做成研磨缽狀（Ⓓ）。

④ 將覆盆子零陵香豆凝凍平坦的那一面朝下，放在③的中央，輕輕壓入（Ⓔ）。將巧克力慕斯擠滿至慕斯圍邊的邊緣，再以抹刀抹平表面（Ⓕ）。放進冷凍室冷卻凝固。

⑤ 將打發的巧克力甘納許以打蛋器攪拌至再度變成滑順的狀態。照片（Ⓖ）為攪拌完畢的狀態。將巧克力甘納許填入裝有玫瑰形擠花嘴的擠花袋中。

⑥ 取下④的圓形圈模，再剝下慕斯圍邊，將⑤擠在上面，從中心往外側擠成漩渦狀（Ⓗ）。放進冷凍室冷卻凝固。

⑦ 使用噴槍將⑥噴上巧克力（Ⓘ），然後以撒上糖粉（分量外）的覆盆子、櫻桃酒漬葛里歐特櫻桃、2種巧克力片（黑巧克力和牛奶巧克力）裝飾（Ⓙ）。

POINT

→ 打發的巧克力甘納許要以打蛋器攪拌成滑順的狀態後再使用。攪拌完畢的標準「以蛋白霜來說是7分發的程度」（藤本先生）。

Pâtisserie Chocolaterie
Chant d'Oiseau

皇家紅茶烤布蕾

店主兼甜點師
村山太一先生

巧克力 × 紅茶

「巧克力和紅茶組合在一起，常會讓紅茶的存在感降低。」村山太一先生說道。
因此，在所有的主要配料中拌入阿薩姆紅茶的茶葉，或是使用浸泡過紅茶的
乳製品，強調紅茶的香氣。巧克力甘納許以牛奶巧克力為主，也是因為
「牛奶巧克力比黑巧克力更能引出紅茶的風味」（村山先生）。
此外，考量到巧克力甘納許的甜度，把中央那層烤布蕾做得厚一點，便能使整體呈現
恰當的甜度。「一心把它做得滑順又如奶油般柔軟」
也是其中一個製作概念。巧克力甘納許的乳化是這道甜點的重要關鍵。

〔 **材料** 〕 使用模具：直徑7cm、高3cm的圓形圈模

▸ **無麵粉紅茶蛋糕**
（容易製作的分量・60×40cm的烤盤1盤份）

　紅茶茶葉（阿薩姆紅茶）…10g
　玉米粉…80g
　蛋白…200g
　細砂糖…125g
　加糖蛋黃（加入20%的糖）…200g

▸ **紅茶巧克力甘納許**
（約50個份）

　牛奶巧克力
　（FRUIBEL「Maracaïbo」／可可含量34%）…1100g
　黑巧克力
　（LUKER CACAO「maranta」／可可含量61%）…90g
　鮮奶油（乳脂肪含量36%）…1848g
　TRIMOLINE（轉化糖）…95g
　紅茶茶葉（阿薩姆紅茶）…51g
　明膠片…6g

▸ **紅茶烤布蕾**
（約75個份）

　鮮奶油（乳脂肪含量36%）…2102g
　紅茶茶葉（阿薩姆紅茶）…55g
　加糖蛋黃（加入20%的糖）…319g
　細砂糖…150g
　海藻糖…60g

▸ **紅茶糖霜**
（容易製作的分量）

　牛奶A…950g
　紅茶茶葉（阿薩姆紅茶）…25g
　細砂糖…250g
　海藻糖…100g
　牛奶B…50g
　玉米粉…40g
　明膠片…11g

▸ **組合・最後潤飾**

　烘烤過的杏仁（無皮）…適量
　烘烤過的杏仁（帶皮）…適量
　烘烤過的榛果（無皮）…適量
　裝飾用巧克力（環形）…適量
　金箔…適量

①紅茶糖霜
②紅茶巧克力甘納許
③紅茶烤布蕾
④無麵粉紅茶蛋糕

〔 **作法** 〕

無麵粉紅茶蛋糕

① 紅茶茶葉以食物處理機打成細粉後，與玉米粉混合過篩。
② 將蛋白和細砂糖放入攪拌盆中，用攪拌機以高速攪拌，充分打發起泡。照片（Ⓐ）為攪拌完畢的蛋白霜。
③ 將加糖蛋黃加入②中，以橡皮刮刀大幅度地翻拌（Ⓑ），加入①之後攪拌至全體融合為止。照片（Ⓒ）為攪拌完畢的狀態。
④ 將③倒入鋪有烘焙紙的60×40cm烤盤中，以抹刀抹平（Ⓓ）。以上火170℃、下火160℃的層次烤爐烘烤約13分鐘，打開排氣孔之後繼續烘烤約3分鐘。暫時靜置於室溫下散熱。

POINT
→ 為了做出口感鬆軟的蛋糕體，請注意不要攪拌過度。

紅茶巧克力甘納許

前置準備：明膠片以冷水泡軟

① 將牛奶巧克力和黑巧克力放入缽盆中，隔水加熱融化。

② 將鮮奶油和TRIMOLINE放入鍋中開火加熱。沸騰後關火，加入紅茶茶葉，輕輕攪拌，然後覆上保鮮膜，放置5分鐘（**A**&**B**）。因為茶葉會浮出表面，要再次攪拌，然後以保鮮膜緊密貼合，再放置10分鐘，充分萃取出紅茶的風味。

③ 將②以網篩過濾，移入缽盆中（**C**），加入已經泡軟的明膠片，以打蛋器攪拌溶勻。

④ 將少量的③加入①中，以打蛋器攪拌（**D**）。全體融合之後再次加入少量的③攪拌。繼續不斷攪拌的話，「會漸漸分離，變得水水的，而且巧克力的質地會變得不光滑（**E**）」（村山先生）。

⑤ 繼續攪拌。「分離之後開始乳化，全體變得沉重，變成滑順的狀態（**F**）」（村山先生）。

⑥ 將剩餘的③分成數次加入攪拌。底部墊著冰水，一邊以橡皮刮刀攪拌，一邊冷卻至20～25℃為止（**G**）。

⑦ 以手持式攪拌棒攪拌（**H**）。如此一來，全體會出現光澤，變得更滑順。為了做出適度的硬度，覆上保鮮膜之後靜置於室溫下，直到溫度降到30℃以下為止。

POINT
→ 茶葉在關火之後才加入，總共放置15分鐘之後，讓香氣充分地轉移至鮮奶油中。

→ 巧克力甘納許先分離，在那之後將全體充分乳化，這點很重要。完成時以手持式攪拌棒攪拌。

紅茶烤布蕾

① 將鮮奶油倒入鍋中開火加熱，沸騰後關火，加入紅茶茶葉，依照紅茶巧克力甘納許步驟②的要領，萃取出紅茶的風味。以網篩過濾，移入缽盆中。

② 將加糖蛋黃、細砂糖、海藻糖放入另一個缽盆中，以打蛋器研磨攪拌（**A**）。

③ 將①分成數次加入②中攪拌（**B**&**C**）。這時，一開始用打蛋器攪拌，融合到某個程度時改用橡皮刮刀攪拌。

④ 以麵糊分配器將③各注入35g在口徑6cm、高3.5cm的矽膠烤模中（**D**）。

⑤ 以110℃的旋風烤箱，加入蒸氣，烘烤約11分鐘。放入急速冷凍庫冷卻凝固。

紅茶糖霜

前置準備： 明膠片以冷水泡軟

① 將牛奶A倒入鍋中開火加熱，沸騰後關火，加入紅茶茶葉，依照紅茶巧克力甘納許步驟②的要領，萃取出紅茶的風味。以網篩過濾，移入缽盆中，加入細砂糖和海藻糖混合。

② 將牛奶B倒入另一個缽盆中，加入玉米粉，以打蛋器攪拌溶勻（**Ⓐ**），然後加入少量的①攪拌均勻（**Ⓑ**）。將它倒回①的缽盆中混合。

③ 將②移入鍋中，加入已經泡軟的明膠片（**Ⓒ**）。開火加熱，一邊以打蛋器攪拌一邊加熱，沸騰後以網篩過濾（**Ⓓ**）。以保鮮膜緊密貼合，在冰箱放置一個晚上。

POINT

→ 糖霜裡面也添加了紅茶的香氣，強調紅茶的印象。

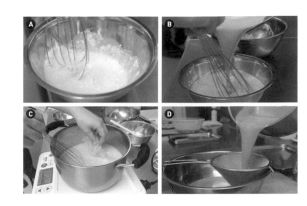

組合・最後潤飾

前置準備： 將烘烤過的杏仁（無皮）弄碎

① 將直徑7cm、高3cm的圓形圈模放在已經裝有無麵粉紅茶蛋糕的烤盤上，用手掌按壓，挖出蛋糕體（**Ⓐ**）。挖出的蛋糕先放在圓形圈模裡面。

② 以麵糊分配器將紅茶巧克力甘納許注入①的圓形圈模中，直到由蛋糕算起5mm左右的高度（**Ⓑ**）。

③ 將紅茶烤布蕾放在②的中央（**Ⓒ**）。以麵糊分配器將紅茶巧克力甘納許注入圓形圈模中，直到可以隱藏紅茶烤布蕾的程度，再以瓦斯噴槍烘烤浮在表面的氣泡，讓氣泡消失（**Ⓓ**）。移進冷凍室冷卻凝固。

④ 取適量的紅茶糖霜放入鍋中，再次開火加熱，變成濃稠狀時離火。以手持式攪拌棒攪拌成滑順有光澤的狀態。

⑤ 取下③的圓形圈模，放在疊上網架的鐵盤中。由上方淋上④的紅茶糖霜，再以抹刀抹除多餘的④（**Ⓔ**）。

⑥ 將烘烤過的杏仁（無皮）碎粒在側面的下方黏一圈（**Ⓖ**），再將烘烤過的杏仁（帶皮）和榛果大略切碎之後放在上面。以環形巧克力和金箔裝飾（**Ⓗ**）。

Les Temps Plus

黑森林蛋糕

店主兼甜點師
熊谷治久先生

巧克力 × 櫻桃酒 × 葛里歐特櫻桃

遇上擁有「像阿瑪蕾娜櫻桃般果香濃烈」（熊谷治久先生）的櫻桃酒，
設計出極其強調櫻桃風味的黑森林蛋糕。
以57×37cm、高4.1cm的方形框模製作，用於配料的糖漿漬櫻桃
竟有1kg之多。以櫻桃酒和櫻桃果泥調配而成的浸潤用酒糖液
也塗抹至蛋糕可以吸收的極限。慕斯則考慮到與櫻桃風味的契合度，
使用可以「感受到莓果類酸味」的法芙娜「孟加里」巧克力（可可含量64%）為基底。
裡面摻入了同品牌的「加勒比」巧克力（可可含量66%）補強可可感。

〔 **材料** 〕 使用模具：57×37cm、高4.1cm的方形框模（1模84個份）

▸糖漿漬葛里歐特櫻桃
（容易製作的分量・使用方形框模1模1000g）

糖漿（波美30度）…適量
櫻桃酒（Neptune）…與糖漿同量
葛里歐特櫻桃（冷凍）…適量

▸無麵粉巧克力蛋糕
（60×40cm的烤盤3盤份・84個份）

生杏仁膏（P.175）…645g
糖粉…255g
全蛋…210g
蛋黃…130g
蛋白…585g
細砂糖…195g
可可粉…100g
奶油…255g

▸巧克力榛果慕斯
（84個份）

牛奶…1130g
TRIMOLINE（轉化糖）…85g
明膠片…21g
黑巧克力
（法芙娜「孟加里」／可可含量64%）…760g
黑巧克力
（法芙娜「加勒比」／可可含量66%）…760g
榛果醬（Weiss）…190g
鮮奶油（乳脂肪含量35%）…1960g

▸浸潤用酒糖液
（約84個份）

糖漿（波美30度）…600g
櫻桃酒（Neptune）…150g
葛里歐特櫻桃果泥…450g

▸鏡面巧克力
（容易製作的分量）

水…225g
細砂糖…900g
鮮奶油（乳脂肪含量35%）…663g
水麥芽…82g
TRIMOLINE（轉化糖）…100g
明膠片…35g
可可粉…250g

▸組合・最後潤飾

裝飾用巧克力（片）…適量
金粉…適量

① 鏡面巧克力
② 無麵粉巧克力蛋糕
③ 巧克力榛果慕斯
④ 糖漿漬葛里歐特櫻桃

〔 **作法** 〕

糖漿漬葛里歐特櫻桃

① 將糖漿和櫻桃酒倒入缽盆中混合，加入葛里歐特櫻桃之後在冷藏室放置一個晚上。瀝乾汁液後使用。照片（Ⓐ）為放置了一個晚上瀝乾汁液之後的狀態。

無麵粉巧克力蛋糕

前置準備：全蛋和蛋黃加在一起打散成蛋液／將奶油融化

① 將生杏仁膏和糖粉放入攪拌盆中，一邊逐次少量地加入已經加在一起打散成蛋液的全蛋和蛋黃，一邊用攪拌機以低速～中速攪拌（ⓐ）。每次全蛋和蛋黃的蛋液在缽盆中變白之後，就再補上蛋液。照片（ⓑ）為攪拌完畢的狀態。

② 在進行①的作業時，同時將蛋白放入另一個攪拌盆中作業，一邊將細砂糖分成2次加入，一邊以攪拌機攪拌。攪拌至如照片（ⓒ）所示，舀起時立刻往下垂的硬度。

③ 將可可粉撒在①的上面，然後將②分成3～4次加入其中，每次加入時都要用手充分攪拌（ⓓ）。接著加入已經融化的奶油攪拌。照片（ⓔ）為攪拌完畢的狀態。

④ 在3個鋪有烘焙紙的60×40㎝烤盤中各倒入760g的③，以抹刀抹平（ⓕ）。以210℃的旋風烤箱烘烤約15分鐘。暫時靜置於室溫下散熱。

POINT
→ 可可粉要與蛋白霜一起混合。只加入可可粉攪拌的話，會變成硬實的蛋糊。

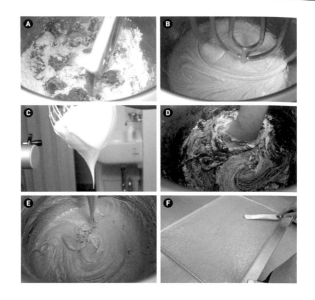

巧克力榛果慕斯

前置準備：明膠片以冷水泡軟／將2種巧克力加在一起融化

① 將牛奶和TRIMOLINE放入鍋中開火加熱。沸騰後關火，加入已經泡軟的明膠片以橡皮刮刀攪拌溶勻（ⓐ）。

② 將已經加在一起融化的2種巧克力放在缽盆中，加入少量的①，以橡皮刮刀混合攪拌（ⓑ）。中途改用手持式攪拌棒攪拌，使它充分分離。照片（ⓒ）為分離之後的狀態。

③ 將略多於半量的①分成數次加入②中，以手持式攪拌棒攪拌，使它充分乳化。照片（ⓓ）為乳化之後的狀態。在那之後，加入剩餘的①攪拌。

④ 加入榛果醬攪拌（ⓔ），在缽盆的底部墊著冰水，一邊以橡皮刮刀不時攪拌，一邊調整成35℃（ⓕ）。

⑤ 以鮮奶油打發機將鮮奶油打發後加入④中，以打蛋器攪拌（ⓖ）。照片（ⓗ）為攪拌完畢的狀態。

POINT
→ 與黑巧克力混合時，先加入少量的①暫時使它分離，在那之後，再將略多於半量的①分成數次加入攪拌，使它充分乳化。如此一來，完成的慕斯就會滑順均勻。

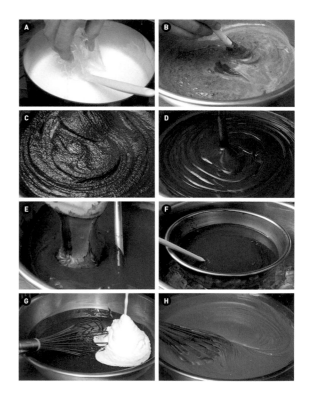

浸潤用酒糖液

① 將全部材料放入缽盆中混合攪拌。照片（Ⓐ）為攪拌完畢的狀態。

POINT

→ 以做出濕潤的口感為目標，組合的步驟要使用大量浸潤用酒糖液，所以要準備充分的量。

鏡面巧克力

前置準備：明膠片以冷水泡軟

① 將水和細砂糖放入鍋中開火加熱，一邊攪拌一邊加熱至120℃為止。
② 將鮮奶油、水麥芽和TRIMOLINE放入另一個鍋中開火加熱，沸騰後關火，加入已經泡軟的明膠片攪拌溶勻。
③ 將①加入②中，再將它移入裝有可可粉的缽盆中混合攪拌。在要使用之前以手持式攪拌棒攪拌成滑順的狀態（Ⓐ）。

組合・最後潤飾

① 將3片無麵粉巧克力蛋糕，分別以57×37cm、高4.1cm的方形框模壓出形狀。將相同的方形框模放在鐵盤上，再將其中1片蛋糕有烤色的那面朝下，放入方形框中，用刷子塗抹大量的浸潤用酒糖液（Ⓐ）。
② 將巧克力榛果慕斯略少於1/4的量倒在①的上面，以抹刀抹平。
③ 平均撒上500g糖漿漬葛里歐特櫻桃（Ⓑ）。
④ 將巧克力榛果慕斯略少於1/4的量倒在③的上面，以抹刀推開抹平（Ⓒ）。將①的1片蛋糕有烤色的那面朝下疊在上面，再疊上板子等按壓，使之緊密貼合（Ⓓ）。
⑤ 用刷子塗抹大量的浸潤用酒糖液（Ⓔ），然後放置一下直到酒糖液滲入蛋糕為止。將巧克力榛果慕斯略少於1/4的量倒入，以抹刀推開抹平。平均撒上500g糖漿漬葛里歐特櫻桃（Ⓕ）。
⑥ 將巧克力榛果慕斯略少於1/4的量倒入，以抹刀推開抹平。將剩餘的1片蛋糕有烤色的那面朝下疊在上面（Ⓖ），再疊上板子等按壓，使之緊密貼合。用刷子塗抹大量的浸潤用酒糖液（Ⓗ），然後放置一下，直到酒糖液滲入蛋糕為止。
⑦ 倒入剩餘的巧克力榛果慕斯，以抹刀推開抹平（Ⓘ）。放入急速冷凍庫中冷卻凝固。
⑧ 取下⑦的方形框模，分切成37×8cm，然後放在疊上網架的鐵盤中。淋上鏡面巧克力（Ⓙ），以抹刀抹平，讓多餘的鏡面巧克力流下來。切除兩邊，再分切成8×3cm。
⑨ 將金粉噴在巧克力片上，然後貼在⑧的2面。最後將糖漿漬葛里歐特櫻桃裝飾在上面。

POINT

→ 在步驟⑤和⑥中，要比步驟①塗上較多的浸潤用酒糖液（直到蛋糕吸收的極限）。

OCTOBRE

焦糖慕斯塔

店主兼甜點師
神田智興先生

白巧克力 × 焦糖

「我在巴黎的『皮埃爾・艾爾梅・巴黎』甜點店工作時,把慕斯放在塔皮上的時尚小蛋糕
使我驚豔。」神田智興先生說道。他從那裡得到靈感,研發出的「焦糖慕斯塔」,
是把使用瑞士蓮「Chocolat Blanc」製作的白巧克力慕斯和焦糖慕斯
放在甜塔皮上,再以焦糖糖霜增添些微苦味。
甜塔皮的酥脆口感,以及2種慕斯的滑順口感
所形成的對比令人著迷。再加上酸味溫和的杏桃果醬和
硬脆的焦糖核桃,讓味道和口感變得更有深度。

〔 **材料** 〕 使用模具：直徑6cm、高3cm和直徑7cm、高2cm的圓形圈模

▸ 喬孔達蛋糕
（容易製作的分量‧60×40cm的烤盤4盤份）

杏仁粉…350g
糖粉…300g
低筋麵粉…150g
全蛋…450g
蛋白…400g
細砂糖…250g
奶油…100g

▸ 甜塔皮
（約150個份）

奶油…500g
糖粉…250g
鹽…5g
全蛋…200g
低筋麵粉…1000g
泡打粉…8g

▸ 白巧克力慕斯
（70個份）

細砂糖…90g
水…50g
蛋黃…180g
鮮奶油A（乳脂肪含量35%）…135g
香草莢…1/2根
明膠片…16g
白巧克力
（瑞士蓮「Chocolat Blanc」）…160g
鮮奶油B（乳脂肪含量35%）…635g

▸ 焦糖慕斯
（70個份）

鮮奶油A（乳脂肪含量35%）…250g
水麥芽…100g
細砂糖…150g
香草莢…1/2根
明膠片…12g
蛋黃…145g
糖漿（波美30度）…120g
鮮奶油B（乳脂肪含量35%）…625g

▸ 焦糖糖霜
（容易製作的分量）

鮮奶油（乳脂肪含量35%）…345g
牛奶…55g
細砂糖…215g
蜂蜜…15g
明膠片…6g
可可脂…12g
鹽…2撮

▸ 組合‧最後潤飾

白巧克力
（瑞士蓮「Chocolat Blanc」）…適量
杏桃果醬（P.175）…適量
焦糖核桃（P.175）…適量
已調溫的巧克力…適量
金箔…適量

① 焦糖糖霜
② 焦糖慕斯
③ 喬孔達蛋糕
④ 白巧克力慕斯
⑤ 焦糖核桃
⑥ 杏桃果醬
⑦ 甜塔皮

〔 **作法** 〕

喬孔達蛋糕
前置準備：杏仁粉、糖粉、低筋麵粉混合過篩／將奶油融化

① 將已經混合好的杏仁粉、糖粉、低筋麵粉，以及全蛋放入攪拌盆中，以攪拌機攪拌至沒有粉粒為止。
② 在進行①的作業時，同時將蛋白和細砂糖放入另一個攪拌盆中，以攪拌機攪拌至舀起時呈尖角挺立的程度。

③ 將②和已經融化的奶油加入①中，以攪拌機攪拌至全體融合為止。在鋪有烘焙紙的4個60×40cm烤盤中倒入薄薄一層，以上火、下火都是250℃的層次烤爐烘烤5～8分鐘。暫時靜置於室溫下放涼，然後以壓模壓出直徑5cm的圓形。

甜塔皮

前置準備：奶油攪拌成髮蠟狀／低筋麵粉和泡打粉混合過篩

① 將已經攪拌成髮蠟狀的奶油、糖粉、鹽放入攪拌盆中，用攪拌機以低速攪拌。全體融合之後加入全蛋，以高速充分攪拌均勻。照片（Ⓐ）為攪拌完畢的狀態。

② 加入已經混合的低筋麵粉和泡打粉，以橡皮刮刀大幅翻拌。如照片（Ⓑ）所示沒有粉粒之後，集中成一團，以保鮮膜包好，在冷藏室放置一個晚上。

③ 將②放在作業台上，以擀麵棍等擀成厚2mm的麵皮，然後戳洞。再以壓模壓出直徑10.5cm的圓形（Ⓒ）。

④ 將③鋪進直徑7cm、高2cm的圓形圈模中（Ⓓ），放入冷藏室等處稍微冷卻一下，調整成容易進行作業的硬度。以抹刀切除多餘的麵皮（Ⓔ）。

⑤ 將烘焙紙鋪進④之中，填滿紅豆代替重物，以170℃的旋風烤箱，打開排氣孔烘烤約25分鐘。

⑥ 暫時靜置於室溫下散熱，取出紅豆、烘焙紙、圓形圈模。將塔皮上面的邊緣壓在網篩上一圈一圈轉動，修平邊緣（Ⓕ）。

白巧克力慕斯

前置準備：明膠片以冷水泡軟／鮮奶油B打至6～7分發

① 將細砂糖和水放入鍋中開火加熱至117℃為止。

② 將蛋黃放入攪拌盆中，用攪拌機以高速攪拌，顏色泛白之後加入①，繼續攪拌至變得滑潤黏稠為止。照片（Ⓐ）為攪拌完畢的狀態。

③ 將鮮奶油A和香草莢放入鍋中開火加熱。沸騰後關火，加入已經泡軟的明膠片攪拌溶勻（Ⓑ）。

④ 將③移入缽盆中，去除香草莢的豆莢之後加入白巧克力（Ⓒ）。以打蛋器攪拌，完全溶勻。

⑤ 將②加入④中，一邊以橡皮刮刀攪拌使之充分乳化，一邊調整成40℃左右。

⑥ 將打至6～7分發的鮮奶油B分成2～3次加入⑤之中，每次加入時都以橡皮刮刀攪拌（Ⓓ）。

焦糖慕斯

前置準備：明膠片以冷水泡軟／糖漿加熱成滾燙的狀態／鮮奶油B打至6～7分發

① 將鮮奶油A放入鍋中開火加熱，煮沸。
② 將水麥芽、細砂糖、香草莢放入另一個鍋中開火加熱，一邊不時搖動鍋子一邊加熱（Ⓐ）。變成焦糖色，氣泡變小之後關火，加入①（Ⓑ）。
③ 將已經泡軟的明膠片加入②中，以打蛋器攪拌溶勻之後，以網篩過濾，移入缽盆中（Ⓒ）。
④ 將蛋黃放入攪拌盆中，用攪拌機以高速攪拌。顏色開始泛白後加入滾燙的糖漿，攪拌至變得滑潤黏稠（Ⓓ）。
⑤ 將④加入③中以橡皮刮刀攪拌（Ⓔ），接著將打至6～7分發的鮮奶油B分成2～3次加入，每次加入時都要攪拌（Ⓕ）。

焦糖糖霜

前置準備：明膠片以冷水泡軟

① 將鮮奶油和牛奶倒入鍋中開火加熱，煮沸。
② 將細砂糖和蜂蜜放入另一個鍋中開火加熱，一邊不時搖動鍋子一邊加熱。變成焦糖色，氣泡變細之後，關火，加入①。

③ 將已經泡軟的明膠片加入②之中，以打蛋器攪拌溶勻，再加入可可脂和鹽攪拌，然後以網篩過濾。調整成35℃左右之後再使用。

組合・最後潤飾

前置準備：將白巧克力融化／杏桃果醬以菜刀將果肉剁碎

① 將已經融化的白巧克力用手指塗抹在甜塔皮的內側（Ⓐ），接著以湯匙將杏桃果醬塗抹在底部，大約塗到看不見底部的程度（Ⓑ）。
② 將焦糖核桃大略弄碎，各放上5～6顆在①之中（Ⓒ）。
③ 將白巧克力慕斯倒入②中，倒滿至邊緣（Ⓓ），放進冷凍室冷卻凝固。
④ 將直徑6cm、高3cm的圓形圈模排列在鐵盤中，各倒入焦糖慕斯20g（Ⓔ），再將喬孔達蛋糕有烤色的那面朝下，放在慕斯上面（Ⓕ）。放入冷凍室中冷卻凝固。
⑤ 取下④的圓形圈模，將蛋糕那面朝下，放在疊上網架的鐵盤中，淋上調整成35℃左右的焦糖糖霜（Ⓖ）。將它疊放在③的上面。
⑥ 將已調溫的巧克力以抹刀推薄成像水滴一樣的形狀（Ⓗ），與金箔一起裝飾在焦糖糖霜上面。

POINT
→ 為了防止濕氣，所以在甜塔皮的內側塗抹白巧克力。
→ 因為焦糖糖霜很容易凝固，所以預先調整成35℃左右。
→ 在最後潤飾時用來裝飾的巧克力工藝，是使用抹刀的前端將已經調溫的巧克力慢慢抹薄，讓厚薄變得分明。

No. 06

Pâtisserie

TRÈS CALME

黑巧克力蛋糕

店主兼甜點師
木村忠彥先生

巧克力×胡椒

這道小蛋糕重新定義巧克力糖。黑巧克力風味的濃郁甘納許與散發出香草和黑胡椒的香氣、濃稠的黑巧克力奶油醬相互交融，再以法式薄餅碎片薄脆的口感增添風味。以巧克力糖的糖衣為構想的巧克力甘納許，以及底座的蛋糕都包含在內，全部的配料都使用法芙娜「P125瓜納拉菁華」巧克力（可可含量80%）呈現強烈的可可感。打造出濃郁味道的同時，在最後潤飾的階段撒上香氣顯著的黑胡椒和辣味清爽的綠胡椒，使味道的層次更為分明。

〔 **材料** 〕 使用模具：直徑6.5cm、高2cm的圓形圈模

▸巧克力蛋糕
（容易製作的分量‧60×40cm的烤盤2盤份）

蛋白…250g
細砂糖…100g
黑巧克力（法芙娜「P125瓜納拉菁華」／
可可含量80%）…100g
黑巧克力（法芙娜「特苦」／
可可含量61%）…75g
奶油…160g
蛋黃…100g
糖粉…75g
杏仁粉…50g
高筋麵粉…25g

▸巧克力奶油醬
（約40個份）

鮮奶油（乳脂肪含量35%）…600g
牛奶…100g
香草莢…1根
黑胡椒（整顆）…2.5g
蛋黃…100g
細砂糖…40g
黑巧克力（法芙娜「特苦」／
可可含量61%）…300g
黑巧克力（法芙娜「P125瓜納拉精華」／
可可含量80%）…180g

▸以巧克力調拌的法式薄餅碎片
（40個份）

牛奶巧克力
（法芙娜「白希比」／可可含量46%）…200g
黑巧克力（法芙娜「P125瓜納拉精華」／
可可含量80%）…65g
榛果果仁醬（法芙娜）…90g
法式薄餅碎片（feuillantine）…300g

▸巧克力甘納許
（40個份）

鮮奶油（乳脂肪含量35%）…950g
水麥芽…50g
香草莢…2根
黑巧克力（法芙娜「瓜納拉」／
可可含量70%）…500g
黑巧克力（法芙娜「P125瓜納拉精華」／
可可含量80%）…100g
牛奶巧克力
（法芙娜「白希比」／可可含量46%）…100g

▸鏡面巧克力
（容易製作的分量）

鮮奶油（乳脂肪含量35%）…300g
牛奶…200g
透明鏡面果膠…400g
黑巧克力（法芙娜「特苦」／
可可含量61%）…200g
黑巧克力（法芙娜「P125瓜納拉精華」／
可可含量80%）…100g

▸組合‧最後潤飾

黑胡椒＊…適量
綠胡椒…黑胡椒的1/10量
黑莓…40個
裝飾用黑巧克力（片）…適量
金箔…適量

＊柬埔寨產的成熟黑胡椒

①黑胡椒&綠胡椒
②鏡面巧克力
③巧克力甘納許
④巧克力奶油醬
⑤以巧克力調拌的法式薄餅碎片
⑥巧克力蛋糕

〔 **作法** 〕

巧克力蛋糕

前置準備：蛋黃恢復至室溫／糖粉、杏仁粉、高筋麵粉混合過篩

① 將蛋白放入攪拌盆中，用攪拌機以高速攪拌，加入1/3量的細砂糖
攪拌。整體變得膨鬆之後，加入剩餘細砂糖的半量攪拌。全體拌
勻之後再加入剩餘的細砂糖，攪拌至如照片（Ⓐ）所示，變成即
將完全打發之前膨鬆的狀態。

[步驟②以後在次頁↓]

② 將2種黑巧克力和奶油放入缽盆中，以隔水加熱方式融化至稍低於45℃。加入蛋黃，以打蛋器攪拌均勻。

③ 將已經混合的糖粉、杏仁粉、高筋麵粉加入②中攪拌。在這個階段，如照片（**B**）所示，呈現分離的狀態是OK的。

④ 以橡皮刮刀將①舀起1勺左右加入③之中，以打蛋器攪拌。將這個步驟再重複2次（**C**）。將剩餘的①全部加入攪拌，然後改用橡皮刮刀攪拌至出現光澤為止（**D**）。

⑤ 在2個鋪有烘焙紙的60×40cm烤盤中，各倒入840g的④，一邊以抹刀輕壓一邊推開，然後抹平（**E**）。

⑥ 以170℃的旋風烤箱烘烤8～10分鐘。中途更換烤盤的前後位置。烘烤完成之後暫時靜置於室溫下散熱，剝下烘焙紙之後以壓模壓出直徑6.5cm的圓形（**F**）。

POINT
→ 在步驟③中呈分離狀態是OK的。在接下來的步驟④中，「想像加入蛋白霜來融合整體」（木村先生）。

→ 為了做出氣孔緊密的扎實口感，加入蛋白霜之後，以盡量不要含入空氣、壓碎氣泡的感覺攪拌。在烤盤中將完成的麵糊鋪平時，為了排除空氣，也要用抹刀以輕壓麵糊的方式鋪平。

巧克力奶油醬
前置準備：鮮奶油和牛奶恢復至室溫之後混合在一起

① 將已經混合的鮮奶油和牛奶的半量倒入鍋中，加入香草莢、黑胡椒（**A**），開火加熱煮沸。

② 將蛋黃和細砂糖放入缽盆中，以打蛋器研磨攪拌。

③ 將①加入②中以打蛋器攪拌（**B**），然後倒回①的鍋中。開火加熱，一邊以橡皮刮刀攪拌，一邊加熱至82℃。

④ 將2種巧克力放入有高度的容器中，再將③以網篩過濾，加入其中（**C**）。放置4～5分鐘，再以手持式攪拌棒攪拌（**D**）。

⑤ 將剩餘的鮮奶油和牛奶加入④中，繼續攪拌至如照片（**E**）所示，充分乳化為止。

⑥ 將⑤裝入麵糊分配器中，注入口徑4.5cm、高1cm的矽膠烤模，注滿至烤模邊緣（**F**）。放入急速冷凍庫中冷卻凝固。

POINT
→ 以手持式攪拌棒攪拌的時候，為了盡量不含入空氣，請注意手持式攪拌棒的移動範圍不要太大。

以巧克力調拌的法式薄餅碎片

① 將2種巧克力和榛果果仁醬放入缽盆中，隔水加熱融化至稍低於45℃。加入法式薄餅碎片，以橡皮刮刀大幅度地翻拌（**A**）。

② 將①放在鋪有透明膠片的砧板上，上面也以透明膠片蓋住。以壓碎法式薄餅碎片的方式，從上面滾動擀麵棍，擀薄（**B**）。然後以壓模壓出直徑4.5cm的圓形。

巧克力甘納許

① 將鮮奶油、水麥芽、香草莢放入鍋中，覆上保鮮膜，在冷藏室放置一個晚上。

② 將①的鍋子開火加熱，沸騰後關火，蓋上鍋蓋，放置10分鐘。

③ 將3種巧克力放入缽盆中，再將②以網篩過濾，加入其中（Ⓐ）。以打蛋器攪拌（Ⓑ），待巧克力溶化，全體融合之後，改用手持式攪拌棒，攪拌至出現光澤（Ⓒ）。

鏡面巧克力

① 將鮮奶油、牛奶、透明鏡面果膠放入鍋中（Ⓐ），開火加熱，一邊以打蛋器攪拌一邊煮沸。

② 將2種黑巧克力放入缽盆中，加入①之後放置2～3分鐘。以橡皮刮刀大略攪拌，待巧克力溶化之後改用手持式攪拌棒，攪拌至全體融合為止（Ⓑ）。

組合‧最後潤飾

① 將直徑6.5cm、高2cm的圓形圈模排列在鋪有透明膠片的鐵盤中。以麵糊分配器將巧克力甘納許注入圓形圈模中，至大約一半的高度（Ⓐ）。

② 將巧克力奶油醬放在①的上面，用手指按壓，讓它沉至巧克力甘納許的高度為止（Ⓑ）。疊上以巧克力調拌的法式薄餅碎片，用手指按壓，使它緊密貼合（Ⓒ）。接著將巧克力蛋糕有烤色的那面朝下，放在上面，用手指輕輕按壓（Ⓓ）。放入急速冷凍庫中冷卻凝固。

③ 將適量的鏡面巧克力倒入缽盆中，以微波爐加熱至35～40℃。再次以手持式攪拌棒攪拌成滑順的狀態。

④ 取下②的圓形圈模，將蛋糕那面朝下，放在疊上網架的鐵盤中，然後將③淋在上面（Ⓔ）。

⑤ 將2種胡椒放入研磨器（可調整顆粒粗細的類型）中，依照粗粒、細粒、粗粒的順序大量撒在上面（Ⓕ）。

⑥ 放上黑莓。將黑巧克力片立靠在黑莓上，然後將少量的鏡面巧克力塗在黑巧克力片的一角，再黏上金箔。

POINT

→ 考慮到「鏡面巧克力也是營造可可感的配料」（木村先生），所以並沒有硬是以抹刀薄薄抹平，而是把它做得稍厚一點。

→ 藉由改變胡椒的顆粒粗細，為口感和風味賦予變化。

Pâtisserie
Les années folles

~ ~ ~ ~ ~ ~ ~

咖啡榛果蛋糕

店主兼甜點師
菊地賢一先生

巧克力 × 咖啡 × 榛果

從白巧克力慕斯中散發出咖啡香，以及使用於蛋糕和果仁醬中的
榛果風味，與牛奶巧克力醇厚的味道相互交融。
蛋糕撒上烘烤過的榛果烤製而成，果仁醬中還添加了杏仁，
強調芳香的氣味。慕斯是將「可以呈現出大家熟悉的、很像咖啡的味道」（菊地先生）的
即溶咖啡粉，混合義式濃縮咖啡，突顯出苦味。
將咖啡×白巧克力、榛果×牛奶巧克力
這2種組合重疊在一起，把甜味、苦味、香味搭配得很調和。

〔 **材料** 〕 使用模具：32.5×8cm、高5cm的方形框模（1模10個份）

▸榛果蛋糕
（60×40cm的烤盤約1/3片份・約20個份）

榛果（帶皮）…50g
蛋白…115g
細砂糖…38g
榛果粉…105g
糖粉A…107g
低筋麵粉…4g
糖粉B…適量

▸榛果果仁醬
（約20個份）

榛果果仁醬（BABBI）…100g
杏仁果仁醬（法芙娜）…40g
牛奶巧克力
（cAkaleha「牛奶」／可可含量38%）…40g
奶油…15g
法式薄餅碎片（feuillantine）…75g

▸牛奶巧克力甘納許
（約20個份）

鮮奶油（乳脂肪含量35%）…112g
牛奶巧克力
（法芙娜「吉瓦那牛奶」／可可含量40%）…135g
白蘭地…8g

▸白巧克力慕斯
（約20個份）

鮮奶油A（乳脂肪含量35%）…125g
牛奶…10g
加糖蛋黃（加入20%的糖）…52g
細砂糖…32g
明膠片…5g
即溶咖啡粉…5g
義式濃縮咖啡液…20g
白巧克力
（可可巴芮「札飛柔滑純白巧克力鈕扣狀」）…108g
鮮奶油R（乳脂肪含量35%）…375g

▸組合・最後潤飾

牛奶巧克力
（cAkaleha「牛奶」／可可含量38%）…適量
噴槍用巧克力（黃／P.175）…適量
焦糖榛果（P.175）…適量
裝飾用巧克力（片）…適量

①白巧克力慕斯
②牛奶巧克力甘納許
③榛果果仁醬
④榛果蛋糕

〔 **作法** 〕

榛果蛋糕
前置準備：榛果粉、糖粉A、低筋麵粉混合過篩

① 榛果連皮直接以160℃的旋風烤箱烘烤約15分鐘。散熱後，大略去皮，再大略切碎（Ⓐ）。
② 將蛋白放入攪拌盆中，用攪拌機以高速攪拌，一點一點地加入細砂糖之後打至8分發。變成如照片（Ⓑ）所示，舀起時呈尖角挺立的狀態就OK了。
③ 將已經混合的榛果粉、糖粉A、低筋麵粉加入②中，以橡皮刮刀大幅度翻拌（Ⓒ）。

[步驟④以後在次頁↓]

④ 將③的麵糊倒入鋪有烘焙紙的60×40cm烤盤約1/3的空間（約40×20cm），然後以抹刀抹平。撒上①，以抹刀輕輕按壓，將榛果埋入麵糊中（**D**）。

⑤ 將糖粉B以小濾網均勻地篩撒2次（**E**&**F**）。以190℃的旋風烤箱烘烤約10分鐘。將烤盤翻面，放在鋪有烘焙紙的網架上，剝下烘焙紙後散熱。以32.5×8cm的方形框模壓出2片（**G**）。

POINT
→ 以糖粉完全覆蓋麵糊的表面之後再烘烤，可以形成薄薄的砂糖膜，做出酥脆的口感。

榛果果仁醬

① 將榛果果仁醬、杏仁果仁醬、牛奶巧克力、奶油放入缽盆中，隔水加熱，以橡皮刮刀攪拌溶勻（**A**）。

② 加入法式薄餅碎片，大幅度地翻拌（**B**）。

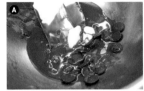

牛奶巧克力甘納許

① 將鮮奶油倒入鍋中開火加熱，煮沸。

② 將牛奶巧克力切碎後放入缽盆中，加入①以打蛋器攪拌（**A**）。

③ 將白蘭地加入②中（**B**），用打蛋器由中心慢慢往外側以畫圓的方式攪拌（**C**），使之充分乳化。

POINT
→ 以打蛋器攪拌時，由中心慢慢往外側以畫圓的方式攪拌，就能使其輕易地均勻乳化。使用手持式攪拌棒也OK。

白巧克力慕斯

前置準備：明膠片以冷水泡軟／鮮奶油B打至7分發

① 將鮮奶油A和牛奶倒入鍋中開火加熱，煮沸。
② 將加糖蛋黃和細砂糖放入缽盆中，以打蛋器研磨攪拌，加入①的約1/3量攪拌（**Ⓐ**），然後倒回①的鍋中（**Ⓑ**）。
③ 將②開火加熱，待小氣泡覆蓋表面，呈濃稠質感時關火，加入已經泡軟的明膠片攪拌溶解（**Ⓒ**）。
④ 將即溶咖啡粉和義式濃縮咖啡液加入③中攪拌（**Ⓓ**）。
⑤ 將白巧克力放入缽盆中，再將④以網篩過濾，倒入其中（**Ⓔ**）。以打蛋器攪拌，使之充分乳化。底部墊著冰水，一邊攪拌一邊冷卻至19～20℃（**Ⓕ**）。
⑥ 將打至7分發的鮮奶油B加入⑤中，以橡皮刮刀攪拌（**Ⓖ**）。照片（**Ⓗ**）為攪拌完畢的狀態。

POINT
→ 在步驟⑤中冷卻的時候，調整成完成時不會太軟或太硬的狀態。

組合·最後潤飾

前置準備：牛奶巧克力要進行調溫

① 取1片榛果蛋糕，將有烤色的那面朝下，放在鋪有烘焙紙的作業台上，然後以抹刀將調溫之後的牛奶巧克力薄薄地塗抹在蛋糕上面（**Ⓐ**）。
② 將①塗上牛奶巧克力的那面朝上，放入32.5×8cm、高5cm的方形框模中，依序疊上榛果果仁醬和牛奶巧克力甘納許，每次疊上去時都要以抹刀抹平（**Ⓑ**&**Ⓒ**）。放進冷藏室冷卻凝固。
③ 將白巧克力慕斯倒入②中，直到方形框模的邊緣（**Ⓓ**），然後蓋上波浪狀模具（**Ⓔ**）。
④ 取另一片榛果蛋糕，進行步驟①～③的作業。然後分別在冷藏室中放置一個晚上，冷卻凝固。
⑤ 取下方形框模和波浪狀模具，再以巧克力噴槍噴上染成黃色的白巧克力。分切成8×3cm，以焦糖榛果和巧克力片裝飾。

POINT
→ 將牛奶巧克力塗在蛋糕上，「讓口感變得豐富，同時也能強調牛奶巧克力的感覺。以將巧克力片夾住的構想製作」（菊地先生）。
→ 將配料組合起來之後，放進冷藏室長時間冷卻凝固。這麼一來，巧克力的部分會凝結，整體緊密融合在一起。

DEL'IMMO

焦糖牛奶巧克力蛋糕

甜點主廚
江口和明先生

巧克力 × 杏桃

使用法芙娜「焦糖牛奶」巧克力（可可含量36％）做成的慕斯，充滿濃郁的風味，
與杏桃百香果奶油醬、散發香草香氣的糖煮杏桃和柳橙高雅的酸味、
法式薄餅碎片的香味，以及達克瓦茲的肉桂香氣複雜地相互交融。
「與酸味和多樣的香氣結合，能突顯出焦糖牛奶的香醇風味。
考慮到可可脂的結晶溫度，將慕斯調整成27～28℃也是製作時的重點。
維持在這個溫度帶的話就能保持非常滑順的口感。」江口和明先生說道。
品嘗一口就能享受到多樣的滋味和口感。

〔 材料 〕 使用模具：直徑4.5cm、高5.5cm的圓形圈模

▸達克瓦茲
（容易製作的分量・60×40cm的烤盤1盤份）

蛋白…625g
乾燥蛋白…20g
細砂糖…200g
杏仁粉…375g
榛果粉…225g
糖粉…475g
低筋麵粉…20g
肉桂粉…10g

▸以巧克力調拌的法式薄餅碎片
（約70個份）

牛奶巧克力
（法芙娜「吉瓦那牛奶」／可可含量40%）…100g
牛奶巧克力
（法芙娜「厄瓜多爾牛奶」／可可含量35%）…51g
榛果醬（可可巴芮）…347g
法式薄餅碎片（feuillantine）…302g

▸糖煮杏桃和柳橙
（約80個份）

杏桃（冷凍）…500g
百香果果泥…50g
香草莢…1根
柳橙汁…200g
細砂糖…60g
蜂蜜（洋槐）…50g
果膠…5g
明膠片…8g

▸杏桃百香果奶油醬
（約50個份）

杏桃果泥…280g
百香果果泥…180g
細砂糖…35g
水…35g
增稠劑（Sosa「GEL CREM COLD」）…28g

▸焦糖慕斯
（約50個份）

牛奶…500g
加糖蛋黃（加入20%的糖）…100g
細砂糖…30g
明膠片…28g
牛奶巧克力
（法芙娜「焦糖牛奶」／可可含量36%）…1200g
鮮奶油（乳脂含量38%）…1000g

▸巧克力果仁醬糖霜
（容易製作的分量）

鮮奶油（乳脂肪含量35%）…113g
牛奶巧克力
（法芙娜「吉瓦那牛奶」／可可含量40%）…263g
杏仁果仁醬（法芙娜）…95g
水…83g
透明鏡面果膠…338g

▸組合・最後潤飾

裝飾用巧克力（片）…適量
裝飾用巧克力（棒形）…適量
半乾杏桃…適量
金箔…適量

① 巧克力果仁醬糖霜
② 焦糖慕斯
③ 糖煮杏桃和柳橙
④ 杏桃百香果奶油醬
⑤ 以巧克力調拌的
　法式薄餅碎片
⑥ 達克瓦茲

〔 作法 〕

達克瓦茲
前置準備：杏仁粉、榛果粉、糖粉、低筋麵粉、肉桂粉混合過篩

① 將蛋白和乾燥蛋白放入攪拌盆中，用攪拌機以中速攪拌，然後一點一點加入細砂糖攪拌。舀起時如果呈尖角挺立的狀態即可停止。
② 加入已混合的粉類，以橡皮刮刀大幅度翻拌。

③ 將②倒入鋪有烘焙紙的60×40cm烤盤中，以抹刀抹平表面。以190℃的旋風烤箱烘烤約15分鐘。放入急速冷凍庫中急速冷卻。

POINT
→ 烘烤完成之後，以急速冷卻的方式防止乾燥。

以巧克力調拌的法式薄餅碎片

① 將2種牛奶巧克力和榛果醬放入缽盆中，以微波爐加熱至40℃。
② 將法式薄餅碎片加入①中，以橡皮刮刀大幅翻拌（ⓐ）。
③ 以2片透明膠片夾住②，從上面滾動擀麵棍，擀平。然後以派皮壓麵機壓成3mm的厚度（ⓑ），放進冷凍室冷卻。

~~~~~~

糖煮杏桃和柳橙
前置準備： 明膠片以冷水泡軟

① 將果膠和明膠片以外的材料放入鍋中開火加熱，直到杏桃煮爛為止。變成白利糖度43%之後加入果膠，煮沸。
② 關火後取出香草莢的豆莢，加入已經泡軟的明膠片攪拌溶勻。鋪開在長方形淺盤中放涼。

③ 將②填入擠花袋中，在口徑3.8cm、高3cm的矽膠烤模中各擠入8g。放進冷凍室冷卻凝固。

~~~~~~

杏桃百香果奶油醬

① 將全部材料放入缽盆中，以手持式攪拌棒攪拌至全體變得滑順為止。

② 將①填入擠花袋中，在已經擠入糖煮杏桃和柳橙的矽膠烤模中各擠入12g。放進冷凍室冷卻凝固。

~~~~~~

焦糖慕斯
前置準備： 明膠片以冷水泡軟／鮮奶油打至8分發之後調整成10～12℃

① 將牛奶倒入鍋子中開火加熱至快要沸騰為止。
② 將加糖蛋黃和細砂糖放入缽盆中，以打蛋器研磨攪拌，然後加入①的約1/3量攪拌。然後倒回①的鍋中（ⓐ），再次開火加熱。
③ 待②變成83℃時關火，加入已經泡軟的明膠片，以橡皮刮刀攪拌溶勻（ⓑ）。然後以網篩過濾，移入缽盆中。
④ 將牛奶巧克力放入另一個缽盆中，以微波爐加熱至40℃。加入少量的③，以打蛋器攪拌至如照片（ⓒ）所示，呈現分離的狀態為止。
⑤ 將剩餘的③分成5～6次加入，以橡皮刮刀充分攪拌至出現光澤，變得滑順的狀態，同時調整成30～31℃（ⓓ）。
⑥ 準備打至8分發之後調整成10～12℃的鮮奶油，加入⑤的約1/3量，以打蛋器攪拌（ⓔ）。然後倒回⑤的缽盆中，一邊以橡皮刮刀攪拌一邊調整成27～28℃（ⓕ）。

POINT
→ 混合巧克力的時候，暫時先使它產生分離現象。「分離可以乳化得更徹底」（江口先生）。

巧克力果仁醬糖霜

① 將鮮奶油倒入鍋中開火加熱，煮沸。

② 將牛奶巧克力和杏仁果仁醬放入缽盆中，以微波爐加熱融化。將①和水加入其中攪拌，再加入透明鏡面果膠，以手持式攪拌棒攪拌。調整成40～45℃後再使用。

~~~~~~

組合・最後潤飾

① 將以巧克力調拌的法式薄餅碎片利用壓模壓出直徑3.8cm的圓形（**A**）。中央塗上少量已經融化的牛奶巧克力（分量外）。

② 將①塗上牛奶巧克力的那面朝下，疊在已經倒入糖煮水果和水果奶油醬的矽膠烤模上。放進冷凍室冷卻凝固。照片（**B**）為冷凍後的狀態。

③ 將達克瓦茲以壓模壓出直徑3.8cm的圓形（**C**）。

④ 將直徑4.5cm、高5.5cm的圓形圈模排列在鐵盤上，再將已經調整成27～28℃的焦糖慕斯填入擠花袋中，然後擠入圓形圈模中直到大約7分滿的高度（**D**）。

⑤ 將②的糖煮水果那面朝下，放在④的中央，用手指按壓往下沉，直到看不見為止（**E**）。

⑥ 將③有烤色的那面朝下，放在⑤的中央，用手指壓入直到與圓形圈模的高度相同（**F**）。蓋上透明膠片之後弄平，然後放進冷藏室冷卻凝固。

⑦ 取下⑥的圓形圈模，上下翻過來，放在疊上網架的鐵盤中，淋上調整成40～45℃的巧克力果仁醬糖霜（**G**）。以抹刀抹除多餘的糖霜。

⑧ 將片狀的巧克力插入上面的中央位置。以瓦斯噴槍將半乾杏桃烤出焦色，塗上透明鏡面果膠（分量外）之後裝飾在上面（**H**）。以2種巧克力（片狀和棒形）和金箔裝飾。

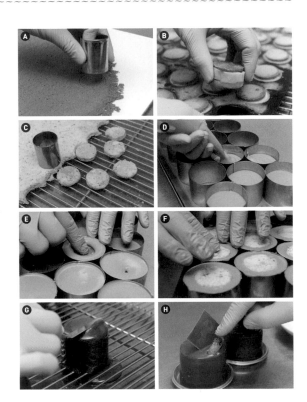

pâtisserie
accueil

蜂蜜蘋果蛋糕

店主兼甜點師
川西康文先生

巧克力 × 蘋果 × 蜂蜜

「我個人非常喜歡充分烘烤的糕點。」川西康文先生這麼說道。他用來作為主題的是
反烤蘋果塔。將這款法國的經典甜點，重新構築成使用巧克力製作的
小蛋糕。在將法芙娜「吉瓦那牛奶」巧克力（可可含量40％）和
「加勒比」（可可含量66％）以2比1的比例混合，加入橙花蜂蜜的
香醇慕斯中，隱藏著焦糖化的奶油炒蘋果風味。作為底座的奶酥
輕輕飄散著肉桂的香氣。結合以果仁醬搭配巧克力做成的香醇糖霜，
打造出非常適合秋天品嘗的濃郁滋味。

〔 **材料** 〕 使用模具：直徑7cm、高1.5cm的圓形圈模

▸**肉桂奶酥**
（約80個份）

奶油…100g
糖粉…100g
杏仁粉…100g
低筋麵粉…90g
肉桂粉…10g

▸**無麵粉巧克力蛋糕**
（約60個份）

蛋白…220g
細砂糖…200g
蛋黃…156g
可可粉…65g

▸**奶油炒蘋果**
（容易製作的分量）

蘋果（紅玉）…6個
奶油…適量
細砂糖…約50g
肉桂粉…2g
蘭姆酒…適量

▸**巧克力蜂蜜慕斯**
（20個份）

鮮奶油A（乳脂肪含量35%）…180g
蜂蜜（橙花）…40g
鮮奶油B（乳脂肪含量35%）…120g
牛奶巧克力
（法芙娜「吉瓦那牛奶」／可可含量40%）…120g
黑巧克力
（法芙娜「加勒比」／可可含量66%）…60g

▸**巧克力果仁醬糖霜**
（約20個份）

鮮奶油（乳脂肪含量35%）…250g
牛奶巧克力
（法芙娜「吉瓦那牛奶」／可可含量40%）…450g
榛果果仁醬…150g
透明鏡面果膠…550g
水…150g

▸**香草香緹鮮奶油**
（約20個份）

鮮奶油（乳脂肪含量40%）…400g
細砂糖…40g
重乳脂鮮奶油（Crème Double）…80g
香草糖…20g

▸**組合‧最後潤飾**

可可豆碎粒…適量
肉桂粉…適量

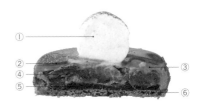

① 香草香緹鮮奶油
② 巧克力果仁醬糖霜
③ 巧克力蜂蜜慕斯
④ 奶油炒蘋果
⑤ 無麵粉巧克力蛋糕
⑥ 肉桂奶酥

~~~~~~

〔 **作法** 〕

肉桂奶酥
前置準備：糖粉、杏仁粉、低筋麵粉、肉桂粉混合過篩

① 將奶油切成5mm的小丁，與已經混合的粉類一起放入攪拌盆中，攪拌至集中成一團為止。覆上保鮮膜，在冷藏室放置一個晚上。
② 以擀麵棍將①延展成厚2～3mm的麵皮，再以壓模壓出直徑7cm的圓形。排列在鋪有SILPAT烘焙墊的烤盤中，以160℃的旋風烤箱烘烤14～15分鐘。靜置於室溫下散熱。照片（Ⓐ）為烘烤前，（Ⓑ）為烘烤後。

無麵粉巧克力蛋糕

① 將蛋白和細砂糖放入攪拌盆中，用攪拌機以中速攪拌。中途切換成低速，如照片（Ⓐ）所示打成6～7分發。

② 將蛋黃放入缽盆中以打蛋器打散，然後加入少量的①攪拌。依照順序加入剩餘的①和可可粉，每次加入都以橡皮刮刀攪拌（Ⓑ）。

③ 將②填入裝有口徑7mm圓形擠花嘴的擠花袋中，在鋪有烘焙紙的烤盤中擠成漩渦狀，形成直徑6cm左右的圓形（Ⓒ）。

④ 以185℃的旋風烤箱烘烤6～7分鐘。暫時靜置於室溫下散熱，再以壓模壓出直徑6cm的圓形（Ⓓ）。

奶油炒蘋果

① 蘋果去皮後挖出蘋果芯，再切成12等分的瓣形（Ⓐ）。

② 平底鍋開火加熱，放入奶油。奶油融化之後加入①。奶油融入蘋果，變熱之後加入細砂糖（Ⓑ），以大火炒蘋果。

③ 細砂糖開始焦糖化之後撒入肉桂粉（Ⓒ），再加入蘭姆酒引火燃燒，讓酒精揮發（Ⓓ）。倒入長方形淺盤中，暫時放置在室溫中放涼。

POINT

→ 肉桂粉在炒蘋果的後半段（細砂糖開始焦糖化的階段）加入，然後以蘭姆酒引火燃燒，增添香氣。

巧克力蜂蜜慕斯

① 將鮮奶油A放入攪拌盆中，底部墊著冰水，同時以攪拌機攪拌至8分發（Ⓐ）。

② 將蜂蜜和鮮奶油B放入鍋中（Ⓑ），以中火加熱。沸騰後關火，以打蛋器攪拌。

③ 將2種巧克力放入缽盆中，隔水加熱，一邊攪拌一邊融化。

④ 將②的1/3量加入③中，以打蛋器輕輕攪拌（Ⓒ）。改用橡皮刮刀，將剩餘的②分成3次左右加入，每次加入都要攪拌，使之充分乳化。照片（Ⓓ）為攪拌完畢的狀態。

⑤ 將④移入有高度的容器中，以手持式攪拌棒攪拌至滑順又有光澤的狀態（Ⓔ）。這個時候，巧克力的溫度要保持在36℃左右。

⑥ 將⑤移入缽盆中，將①分成數次加入攪拌（Ⓕ）。一開始用打蛋器，後半段則改用橡皮刮刀，充分地混合攪拌。

POINT

→ 將鮮奶油等與巧克力加在一起的時候，要分成數次進行作業，而且後半段要以橡皮刮刀攪拌，充分使之乳化。

→ 以手持式攪拌棒攪拌的時候，溫度要保持在36℃左右。

巧克力果仁醬糖霜

前置準備：牛奶巧克力和榛果果仁醬混合之後，使之融化

① 將鮮奶油倒入鍋中開火加熱，煮沸。
② 在裝有混合後已經融化的牛奶巧克力和榛果果仁醬的缽盆中，加入①混合攪拌。
③ 依序將透明鏡面果膠和水加入②中攪拌，完成時以手持式攪拌棒攪拌至滑順又有光澤的狀態（**A**）。以網篩過濾。

香草香緹鮮奶油

① 將鮮奶油和細砂糖放入缽盆中，充分攪拌至10分發。
② 依序將重乳脂鮮奶油和香草糖加入①中，每次加入都要攪拌。照片（**A**）為攪拌完畢的狀態。

組合·最後潤飾

前置準備：將可可豆碎粒細細地弄碎

① 將直徑7cm、高1.5cm的圓形圈模排列在鐵盤中，將巧克力蜂蜜慕斯填入擠花袋中，各擠出少量。分別擺放3塊奶油炒蘋果（**A**）。
② 擠出剩餘的巧克力蜂蜜慕斯，以湯匙背面抹平表面（**B**）。
③ 將無麵粉巧克力蛋糕有烤色的那面朝下，疊放在上面（**C**）。蓋上透明膠片，再疊上板子，用手按壓使之緊密貼合（**D**）。放入急速冷凍庫中冷卻凝固。
④ 取下③的圓形圈模，放在疊上網架的鐵盤中。淋上巧克力果仁醬糖霜（**E**），然後疊放在肉桂奶酥上面（**F**）。
⑤ 將細細弄碎的可可豆碎粒裹滿④的側面（**G**），再以湯匙將香草香緹鮮奶油做成紡錘形，擺放在上面（**H**），最後以小濾網篩撒肉桂粉。

Pâtisserie
a terre

皮埃蒙特栗子蛋糕

店主兼甜點師
新井和碩先生

巧克力 × 栗子 × 咖啡

「我喜歡栗金團和咖啡的組合。」新井和碩先生說道。「皮埃蒙特栗子蛋糕」
正是反映這樣的想法，搭配無論與栗子或咖啡都很契合的巧克力，做成的一款濃郁甜點。
將加入鬆軟蒸栗子的咖啡鮮奶油霜，疊在加入法國產的栗子醬、
以黑糖釋出香醇味道、散發蘭姆酒香氣的栗子蛋糕上面，再以加入硬脆杏仁的
糖霜將外表包覆起來。上面的巧克力和果仁醬的奶油醬中混合了黑巧克力和
牛奶巧克力這2種巧克力，表現出充滿可可感的醇厚風味和
滑順的口感。糖霜中也調配了巧克力，做出很扎實的味道。

〔 材料 〕 使用模具：57×37cm、高4cm的方形框模（1模84個份）

▸ 栗子蛋糕
（57×37cm的方形框模1模份‧84個份）

發酵奶油…325g
栗子醬（安貝）…900g
細砂糖…200g
黑糖（Muscovado Sugar）…180g
全蛋…400g
杏仁粉…150g
榛果粉…150g
低筋麵粉…100g
蘭姆酒糖漿（P.175）…適量

▸ 咖啡鮮奶油霜
（約84個份）

鮮奶油（乳脂肪含量42%）…1200g
咖啡豆…100g
明膠片…8g
蒸栗子（沙巴東「Marrons entiers」）…200g

▸ 巧克力和果仁醬的奶油醬
（容易製作的分量）

鮮奶油A（乳脂肪含量35%）…200g
杏仁榛果仁醬…60g
牛奶巧克力
（可可巴芮「亞然加牛奶巧克力〔鈕扣狀〕」／
可可含量41%）…80g
黑巧克力
（偉斯「Noir Sokoto」／可可含量62%）…80g
鮮奶油B（乳脂肪含量38%）…200g

▸ 堅果巧克力糖霜
（容易製作的分量）

牛奶巧克力
（CHOCOVIC「JADE」／可可含量38.8%）…500g
巧克力鏡面淋醬
（可可巴芮「Pâte à Glacer Blonde」）…200g
花生油…80g
杏仁（無皮）…50g

▸ 組合‧最後潤飾

栗子澀皮煮…適量
糖粉…適量

① 栗子澀皮煮
② 巧克力和果仁醬的奶油醬
③ 堅果巧克力糖霜
④ 咖啡鮮奶油霜
⑤ 栗子蛋糕

〔 作法 〕

栗子蛋糕

前置準備：發酵奶油和栗子醬分別恢復至室溫／杏仁粉、榛果粉、低筋麵粉
混合過篩／全蛋打散成蛋液

① 將發酵奶油、栗子醬、細砂糖、黑糖放入攪拌盆中，用攪拌機以
低速攪拌至顏色泛白為止（Ⓐ&Ⓑ）。攪拌至沒有結塊就OK了。

② 將已經打散成蛋液的全蛋分成2～3次加入①中，同時攪拌（Ⓒ），
全體拌勻之後加入已混合的粉類，攪拌均勻。

［ 步驟③以後在次頁↓ ］

③ 將57×37cm的方形框模放在鋪有烘焙紙的烤盤中，然後倒入②。以抹刀推開，將表面抹平（**D**）。以180℃的旋風烤箱烘烤35～40分鐘（**E**）。
④ 烘烤完成之後，趁熱用刷子塗上大量的蘭姆酒糖漿（**F**）。放入急速冷凍庫中急速冷卻。

咖啡鮮奶油霜

前置準備：明膠片以冷水泡軟之後，隔水加熱溶化

① 將鮮奶油和咖啡豆放入缽盆中，覆上保鮮膜緊密貼合，在冷藏室放置一個晚上。照片（**A**）為放置一個晚上之後的狀態。
② 將①以網篩過濾，移入攪拌盆中。以橡皮刮刀從上方按壓殘留在網篩中的咖啡豆，充分萃取風味（**B**）。
③ 將②用攪拌機以高速攪拌，攪拌至如照片（**C**）所示的6分發後移入缽盆中。
④ 將已經融化的明膠片和少量的③放入另一個缽盆中，以打蛋器攪拌。然後倒入③的缽盆中，以橡皮刮刀大幅度地翻拌。
⑤ 將蒸栗子切碎成大約5mm的小丁，加入④中攪拌（**D**）。

POINT
→ 將咖啡豆浸泡在鮮奶油中一個晚上，將咖啡的風味充分轉移至鮮奶油中。此外，過濾的時候也要以橡皮刮刀按壓咖啡豆，充分萃取風味。

巧克力和果仁醬的奶油醬

① 將鮮奶油A放入鍋中，開中火加熱，沸騰後關火。
② 將杏仁榛果果仁醬、牛奶巧克力、黑巧克力放入缽盆中，然後倒入①（**A**）。
③ 以橡皮刮刀從中心往外側慢慢攪拌（**B**）。改用手持式攪拌棒攪拌，使之充分乳化（**C**）。
④ 加入鮮奶油B以橡皮刮刀攪拌，然後覆上保鮮膜，在冷藏室放置一個晚上。照片（**D**）為攪拌完畢的狀態。

堅果巧克力糖霜

前置準備：將杏仁切碎後稍微烘烤

① 將牛奶巧克力和巧克力鏡面淋醬放入缽盆中，以微波爐加熱融化。

② 將花生油加入①中以橡皮刮刀攪拌，再加入切碎並稍微烘烤過的杏仁攪拌（**Ⓐ**&**Ⓑ**）。

~~~~~~

組合·最後潤飾

① 將咖啡鮮奶油霜倒進已經放入栗子蛋糕的方形框模中。以抹刀推開，將表面抹平（**Ⓐ**）。然後在冷藏室放置一個晚上，讓它冷卻凝固。

② 取下①的方形框模，分切成8×3cm（**Ⓑ**）。用刷子在側面和上面塗抹大量的堅果巧克力糖霜（**Ⓒ**&**Ⓓ**）。

③ 將適量的巧克力和果仁醬的奶油醬放入缽盆中，以打蛋器打發至6分發的程度。將它填入裝有星形擠花嘴的擠花袋中，如照片（**Ⓔ**）所示擠在②的上面。

④ 將栗子澀皮煮切成一半之後放在③的上面（**Ⓕ**），再以小濾網篩撒糖粉。

POINT

→ 在步驟②塗抹糖霜的時候，先用手拿著蛋糕的上下部分然後塗抹側面，接著將它放在作業台上塗抹上面，就可以輕鬆完成。

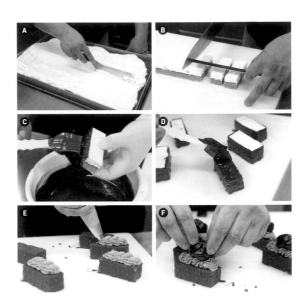

素材的基本款——巧克力的活用法

直接呈現巧克力本身的獨特風味，
或是附加額外的風味使巧克力綻放出
嶄新的魅力等，有各式各樣活用巧克力的方法。
本專欄將介紹製作巧克力小蛋糕的多種方法。

❶
心靈

❷
礦石

❸
綠寶石

❹
紅磨坊

ASTERISQUE

店主兼甜點師
和泉光一先生

---

❶

黑巧克力和咖啡。
使兩者的酸味協調

使用的巧克力只有這款可可含量
70%的黑巧克力。將它分別製作成
奶油醬、慕斯、蛋糕，然後與咖啡
烤布蕾結合。這是將過去在「世界
巧克力大師」競賽中展出的甜點改
造成小蛋糕的經典品項。

❷

牛奶巧克力為堅果和
杏桃搭起橋梁

榛果巧克力達克瓦茲、杏桃奶油
醬、炒過的杏桃、牛奶巧克力杏仁
果仁醬慕斯、杏桃凝凍層層相疊。
將酸酸甜甜的杏桃和芳香堅果的味
道以牛奶巧克力串連起來。

❸

白巧克力散發的乳香和
開心果的香醇融合

以本店的主題色，鮮豔的開心果綠
吸引顧客目光的一款小蛋糕。開心
果蛋糕、覆盆子果醬和奶油醬、以
巧克力調拌的法式薄餅碎片、紅色
果實的凝凍等層層相疊，再以白巧
克力開心果慕斯包覆起來。

❹

馬斯卡波涅乳酪×
白巧克力與
紅色果實×
黑巧克力組成的四重奏

濃厚的黑巧克力慕斯，搭配酸酸甜
甜的糖煮草莓覆盆子，以及擁有愉
悅口感、以巧克力調拌的法式薄餅
碎片，再以覆盆子糖霜包覆起來。
擠成皺褶狀的是馬斯卡波涅乳酪與
白巧克力鮮奶油霜。

❺

以牛奶巧克力×4種素材
創造嶄新的味道和香氣

「將巧克力與多種素材互相融合」
（和泉先生）是這款甜點的主題。
使用可可含量48%的牛奶巧克力，
然後融合了榛果果仁醬、柳橙、百
香果、焦糖等的風味。包含糖霜在
內，總共有16道層次。

6

牛奶巧克力是主角。
把果實酸味當成亮點

將巧克力和香草這2種奶油醬，以覆盆子牛奶巧克力慕斯包覆起來。底座是將焦糖蛋糕體疊在烘烤過的奶酥上，鋪滿堅果後再次烘烤的3層構造。巧克力的甜味和水果的酸味兩者的平衡是製作的重點。

7

果仁醬×葡萄乾×香草。
用牛奶巧克力畫上「底線」

以牛奶巧克力榛果果仁醬慕斯包覆加入蘭姆葡萄的香草風味芭芭露亞。還搭配了法式薄餅碎片和酥餅等，展現豐富口感。「在這款甜點當中，牛奶巧克力可以說是『底線』。貫徹支撐主角的任務。」和泉先生說道。

8

使用金黃巧克力
表現出「焦糖咖啡」風味

利用「杜絲」巧克力「如鹽味焦糖一般的風味」（和泉先生），以「巧克力×咖啡」為主題的一款甜點。味道酷似「焦糖咖啡」。將咖啡巧克力慕斯、巧克力奶油醬、以榛果醬等調拌的法式薄餅碎片、榛果蛋糕層層相疊。

9

搭配柑橘和利口酒的
牛奶風味白巧克力

使用以柳橙搭配君度橙酒和香檸檬調配而成的法國保虹（boiron）果泥，分別製作出主打本身風味，以及搭配白巧克力而充滿牛奶風味，這2種不同類型的奶油醬。中間的達克瓦茲和上面的香緹鮮奶油也都是柳橙風味。

10

展現越南產的可可
鮮明有力的風味

使用「鮮明有力的風味充滿魅力」（和泉先生）、以越南產可可為原料的焙樂道（Puratos）巧克力製作蛋糕體。巧克力甘納許中使用富焙（FRUIBEL）可可含量55%的巧克力，打造出絲毫不遜於蛋糕體的強勁味道。再以香緹鮮奶油等裝飾。

5 海市蜃樓

6 迷宮

CUT

8 阿拉比卡
（參照P.122）

7 金髮

CUT

9 太陽

10 經典巧克力蛋糕

CUT

Pâtisserie **Etienne**	Pâtisserie Chocolaterie **Chant d'Oiseau**	**Les Temps Plus**

❶ 狂野的自由

❷ 方尖碑

❸ 紅色

❶ 翻糖巧克力蛋糕

❷ 零陵香豆巧克力慕斯

❸ 紅色果實巧克力蛋糕

❶ 完美

❷ 覆盆子巧克力蛋糕

❸ 第五元素

Pâtisserie Etienne	Pâtisserie Chocolaterie Chant d'Oiseau	Les Temps Plus

Pâtisserie Etienne

店主兼甜點師
藤本智美先生

甜點師的 巧克力經

「作為素材的巧克力，我並不會執著在品牌上。如果說，那種執著會成為吸引顧客的『誘因』嗎？我認為不會。而且，我不想將材料成本提高的部分轉嫁到商品的價格上。使用通用性高的製品是我選擇巧克力的前提。此外，以小蛋糕來說，我常使用2種以上特徵不同的巧克力。藉由更細緻的平衡可以表現出可可感。與巧克力的組合，我偏好的是帶有酸味的莓果類或柑橘類水果。」

─── 巧克力 ───
×

❶

焦糖×香蕉×堅果

入口即化的2款蛋糕與香蕉巧克力奶油醬、焦糖巧克力慕斯、炒香蕉的組合，做出的濃厚味道。核桃牛軋糖也為蛋糕增添了芳香的香氣。

CUT →

❷

香草×葛里歐特櫻桃

使用2種巧克力製作的慕斯當中，隱藏著香草奶油醬和櫻桃酒漬葛里歐特櫻桃。底座使用口感輕盈的巧克力蛋糕，頂端則以巧克力香緹鮮奶油等裝飾。

CUT →

❸

紅色果實

以巧克力蛋糕夾住綜合了草莓、紅醋栗、覆盆子風味的巧克力甘納許。蛋糕體塗上莓果糖漿，再疊上覆盆子香緹鮮奶油強調酸甜的滋味。

Pâtisserie Chocolaterie Chant d'Oiseau

店主兼甜點師
村山太一先生

甜點師的 巧克力經

「使用巧克力製作的冷藏糕點，考慮搭配的素材其原有香氣的濃淡很重要。舉個例子，以『皇家紅茶烤布蕾』（P.130）為例來說，紅茶的香氣與巧克力搭配時存在感會變淡，所以在各個配料中添加紅茶的香氣，而且主要使用苦味溫和的牛奶巧克力。至於巧克力，我常使用的是比利時的品牌。以沒有特殊異味、中庸的味道為特色，有助於製作出多數人所熟悉的、所謂『巧克力味』的小蛋糕。」

─── 巧克力 ───
×

❶

雅馬邑白蘭地

將收集餘下的巧克力類配料延展為2cm的厚度，再塗上巧克力甘納許凝固之後，以此作為底座所做成的再生甜點。將以黑巧克力為主體、添加了雅馬邑白蘭地的巧克力甘納許，與牛奶巧克力慕斯疊在一起。

❷

零陵香豆

零陵香豆巧克力慕斯、巧克力甘納許、巧克力蛋糕、法式薄餅碎片、糖漬柳橙等，組合成10層。中間夾入巧克力片，讓蛋糕在口中融化的時間有所間隔。

❸

覆盆子與其他

烤成輕盈的口感、塗上櫻桃酒的巧克力蛋糕，與使用莓果類做成的巧克力甘納許層層相疊。藉著強調酸味，提供給顧客即使在夏季食用也很爽口的巧克力甜點。

Les Temps Plus

店主兼甜點師
熊谷治久先生

甜點師的 巧克力經

「基本上我會混合好幾種調溫巧克力做成慕斯等配料。視搭配的情況可以表現多樣的味道或香氣，而且調整時也能做細微的處理。譬如『黑森林蛋糕』（P.134），以牛奶製作慕斯基底的巧克力甘納許，做成稍微清淡一點的味道。即使具有可可感也不會給人濃重的印象，所以可以清楚感受到主角櫻桃的風味。」

─── 巧克力 ───
×

❶

萊姆×零陵香豆

將散發出零陵香豆和香草香氣的烤布蕾，以充滿萊姆風味的巧克力慕斯包覆起來。慕斯方面，香醇感比可可感重要，所以選用法芙娜的「吉瓦那牛奶」巧克力（可可含量40％）。

CUT →

❷

覆盆子

將法芙娜「孟加里」巧克力（可可含量64％）和「卡拉克」巧克力（可可含量56％）調拌而成的巧克力慕斯，和以水果白蘭地增添香氣的覆盆子，以無麵粉巧克力蛋糕夾起來。

❸

只以巧克力的原味取勝

以使用朵茉芮「Apurimac」巧克力（可可含量75％）做成的慕斯，和混合法芙娜的2種巧克力做成的慕斯為主角。再與無麵粉巧克力蛋糕、奶酥組合在一起。

CUT →

OCTOBRE	Pâtisserie TRÈS CALME	Pâtisserie Les années folles

① 巴黎大皇宮

② Miu Miu

③ 堅果柳橙

① 紀念品

② 誘惑

③ 杜絲巧克力咖啡蛋糕

① 焦糖巧克力蛋糕

② 經典聖馬克

③ 葛里歐特櫻桃開心果蛋糕

OCTOBRE

店主兼甜點師
神田智興先生

甜點師的 巧克力經

「使用的巧克力全都是瑞士蓮的產品。除了以瑞士蓮巧克力擔任主導的任務之外，譬如黑巧克力以苦味之中稍帶牛奶味為特色，使味道的結構更容易處理也是採用這個品牌的原因。巧克力作為主角就不用說了，也可以製作成巧克力甘納許等用來增添風味。有時將巧克力大略切碎呈現粗糙感，有時則做成巧克力甘納許表現出滑順感，口感也會產生各種不同的變化，而這也是巧克力的魅力所在。」

┌─── 巧克力 ───┐
×

❶

覆盆子×榛果

在加入大略切碎的黑巧克力製成的蛋糕體中，夾入可可含量54%的巧克力和可可膏做成的巧克力甘納許，讓蛋糕在口中融化的時間有所間隔。以覆盆子果醬的酸味和榛果的香氣增添風味。

❷

紅茶×黑莓

巧克力蛋糕、伯爵紅茶烤布蕾，以及以使用黑莓和牛奶巧克力製作的巧克力甘納許為基底、充滿牛奶風味的慕斯層層相疊。頂端以白酒煮黑莓點綴。

❸

4種堅果×柳橙

以榛果、杏仁、核桃、夏威夷豆調配而成的蛋糕體，風味和口感都十分豐富，與店家自製的果仁醬奶油醬、柳橙凝凍非常對味。中間塗上一層薄薄的巧克力甘納許，增添香氣和味道。

Pâtisserie
TRÈS CALME

店主兼甜點師
木村忠彥先生

甜點師的 巧克力經

「我創作的甜點強烈地傳達出我在料理或是設計方面的想法。連以巧克力為主角的甜點，也是使用巧克力製作成口感多樣的配料，考慮到讓味道和香氣分階段逐步地擴散開來。有時也會將巧克力加在奶油醬和水果庫利（coulis）等裡面，使它變得香醇或產生黏性之類，就如同把奶油加入法式料理的醬汁，將巧克力當成調味料使用一般。即使只加入極少量的巧克力製作成配料，也能拉近各個配料的味道，很容易使整體的味道變得協調。」

┌─── 巧克力 ───┐
×

❶

焦糖×柳橙

在放上焦糖香緹鮮奶油的牛奶巧克力慕斯裡面，有焦糖奶油醬、柳橙果醬、以巧克力調拌的法式薄餅碎片。底座是榛果達克瓦茲。

CUT →

❷

蘭姆葡萄

以填滿巧克力調拌的法式薄餅碎片、香氣濃郁的蘭姆葡萄，以及巧克力甘納許塔為底座，再疊上巧克力片、無麵粉巧克力蛋糕，和白巧克力牛奶巧克力慕斯。

CUT →

❸

咖啡

將焦糖風味的法芙娜「杜絲」巧克力慕斯，與使用衣索比亞‧耶加雪菲產的咖啡豆製作的香濃慕斯、柳橙庫利、加入美國山核桃的蛋糕組合而成的小蛋糕。

CUT →

Pâtisserie
Les années folles

店主兼甜點師
菊地賢一先生

甜點師的 巧克力經

「我的目標是製作出讓客人意猶未盡的輕盈甜點。巧克力類的甜點也是如此，所謂帶有「巧克力味」的商品只有為數極少的幾項。輕盈感和巧克力似乎背道而馳，但是藉由與其他素材的組合方式，還是可以令人稍微感覺到該素材的原味和巧克力的味道。不過，品嘗單一巧克力所得到的印象，與將巧克力搭配其他素材之後，味道和香味的表現形式、口感，以及融化在口中的感覺都有相當大的差距，所以要仔細地試做看看。」

┌─── 巧克力 ───┐
×

❶

焦糖

加入了糖煮洋梨、微苦的焦糖慕斯，和使用法芙娜「卡拉克」巧克力（可可含量56%）製作的、以英式蛋奶醬為基底的巧克力慕斯，2種慕斯的組合。焦糖的苦味吃起來感覺很舒服。

❷

香草

將黑巧克力慕斯和香草芭芭露亞交疊在一起，再將上面的蛋糕體焦糖化之後，強調這個法國傳統糕點顏色的一款小蛋糕。可可含量70%的巧克力風味和焦糖的苦味搭配得很協調。

❸

開心果×葛里歐特櫻桃

將調配大量開心果泥的英式蛋奶醬為基底、入口即化的慕斯，包住黑巧克力慕斯和葛里歐特櫻桃果泥。巧克力在開心果濃郁的香氣中，味道變得很圓潤。

CUT →

Pâtisserie & café DEL'IMMO	pâtisserie accueil	Pâtisserie a terre

① DEL'IMMO

② 開心果二重奏

③ 梅莉莎

① 夜曲

② 芒通

③ 夜晚

① 愉悅

② 黑醋栗渣釀白蘭地

③ 黑森林蛋糕

Pâtisserie & café DEL'IMMO

甜點主廚
江口和明先生

甜點師的　**巧克力經**

「小蛋糕全部的品項都用上巧克力，分別使用9家公司共20～24種調溫巧克力。獨具特色的巧克力，多半是主打它的風味，但是另一方面，有時也會混合數種巧克力來製作。製作新作品時，有時會從水果和堅果等素材的角度來設計它們與巧克力的組合，有時會從巧克力的特性來探討契合度佳的素材。我個人喜歡將堅果、香料和香藥草組合在一起。添加獨特的香氣之後，巧克力的風味會更深厚。」

── 巧克力 ──
×

❶
咖啡

將調配義式濃縮咖啡的糖漿大量塗抹在蛋糕上，再把蛋糕和法芙娜「杜絲」巧克力奶油醬，以咖啡慕斯包覆起來。杜絲巧克力像焦糖一樣的風味和咖啡的味道搭配得很協調。

CUT ──

── 白巧克力 ──
×

❷
開心果

將使用法芙娜「伊芙兒」巧克力製作的開心果慕斯和烤布蕾、加入香檸檬芬芳酸味的葛里歐特櫻桃果泥組合起來。是一道具有濃厚風味，餘味也很清爽的小蛋糕。

CUT ──

❸
覆盆子與其他

將散發出檸檬香氣、味道清爽的蛋糕，與酸酸甜甜的覆盆子奶油醬、添加了茴香的糖煮鳳梨重疊在一起，再以混合了3種白巧克力的慕斯包覆起來。

---

pâtisserie accueil

店主兼甜點師
川西康文先生

甜點師的　**巧克力經**

「本店用上巧克力的冷藏糕點很多，已經成為本店的特色。巧克力與各式各樣的素材都很契合，但是我特別偏好的是與柑橘類水果的組合。舉例來說，『夜晚』是天草晚柑和巧克力的組合。我認為兼具苦味和酸味的晚柑適合搭配苦味之中稍帶水果味的法芙娜『愛爾帕蔻』巧克力。與莓果類相較，不是只有苦味，還有恰到好處的苦味，這種柑橘類的特色，也是它的魅力所在。」

── 巧克力 ──
×

❶
柳橙×焦糖

巧克力蛋糕、黑巧克力慕斯、柳橙焦糖奶油醬的組合。將味道香醇的慕斯與黏糊的奶油醬以柳橙清爽的香氣包覆起來。

CUT ──

❷
檸檬×焦糖

將檸檬奶油醬填入巧克力甜塔皮中，再重疊上焦糖牛奶巧克力慕斯。以牛奶巧克力溫和的牛奶風味連結焦糖的苦味和檸檬的酸味。

CUT ──

❸
晚柑

小蛋糕品名「Nuit」，為「夜晚」之意。將法芙娜「愛爾帕蔻」巧克力（可可含量66%）分別製作成慕斯和巧克力甘納許等等，再將它們融合在一起。隱藏在奶酥中用來提味的天草晚柑，餘味十分爽口。

Pâtisserie a terre

店主兼甜點師
新井和碩先生

甜點師的　**巧克力經**

「我喜歡特色鮮明的巧克力，也用這樣的巧克力來製作小蛋糕，希望做出能發揮巧克力特性的甜點。味道的組合基本上2～3種就夠了。『黑醋栗渣釀白蘭地』是以黑醋栗、渣釀白蘭地、巧克力為主軸，設計出以法芙娜『孟加里』巧克力搭配黑醋栗和渣釀白蘭地。另一方面，在『皮埃蒙特栗子蛋糕』（P.158）之中，巧克力則是配角。可是，使用巧克力製作的配料充滿了可可感，確實突顯出巧克力的存在感。」

── 巧克力 ──
×

❶
焦糖×柳橙

將散發出伯爵紅茶香氣的糖漬柳橙加入焦糖奶油醬之中，然後倒入塔皮中，再擺放上以可可巴芮「亞然加牛奶巧克力〔鈕扣狀〕」（可可含量41%）和自家製作的果仁醬調配而成的巧克力奶油醬。

CUT ──

❷
黑醋栗×渣釀白蘭地

在散發著紅茶和渣釀白蘭地香氣的巧克力慕斯中，夾入黑醋栗奶油醬，然後疊在塗抹了渣釀白蘭地的巧克力蛋糕上，頂端以黑醋栗色的馬卡龍點綴。濃郁的香氣是魅力所在。

CUT ──

❸
葛里歐特櫻桃×櫻桃酒

在調配了較多杏仁膏的薩赫蛋糕（Biscuit Sacher）中加入葛里歐特櫻桃之後烘烤，再塗上大量的櫻桃酒糖漿。以櫻桃酒香緹鮮奶油和巧克力鮮奶油霜等裝飾。

CUT ──

補充食譜

※分量均為「容易製作的分量」

à tes souhaits!

商品名 葡萄柚果仁慕斯（→P.8）

水煮葡萄柚

[材料]

葡萄柚…適量

[作法]

① 用叉子在葡萄柚的外皮上到處戳刺，然後切成約8等分的瓣形。去除蒂頭、芯和籽，在果肉部分的4～5個地方切入深深的切痕。

② 用鍋子煮滾熱水，將葡萄柚放入鍋中，以小火煮至外皮變軟。瀝乾水分。

焦糖杏仁

[材料]

細砂糖…100g

水…25g

杏仁（無皮）…500g

[作法]

① 將細砂糖和水放入鍋中，加熱至120℃。

② 離火後加入杏仁，以木鏟攪拌讓它變成白色的結晶。

③ 再次開火加熱，一邊讓已經結晶化的砂糖溶化，一邊煮上色，變成焦糖。

④ 攤平在SILPAT烘焙墊上，將杏仁粒分開以免黏在一起，放涼。

Pâtisserie LA VIE DOUCE

商品名 夏翠絲（→P.16）

香緹鮮奶油

[材料]

鮮奶油A（乳脂肪含量45％）…適量

鮮奶油B（乳脂肪含量35％）…與鮮奶油A同量

細砂糖…適量

[作法]

① 將鮮奶油A和B混合，加入細砂糖變成加糖8％，充分打發起泡。

綜合鏡面果膠

[材料]

透明鏡面果膠

（Puratos「HARMONY SUBLIMO NEUTRE」）…800g

透明鏡面果膠

（Marguerite「Nap'Ange neutre」）…240g

水…少量

[作法]

① 將全部材料放入鍋中，一邊攪拌一邊煮沸。移入保存容器中，在冷藏室放置一個晚上。將所需的量放入鍋中，加熱後使用。

---

pâtisserie Sadaharu AOKI paris

商品名 象牙海岸（→P.20）

噴槍用巧克力

[材料]

白巧克力（DOMORI「bianco」）…600g

可可脂…400g

[作法]

① 將材料加在一起，加熱至40℃之後攪拌融勻。

裝飾用白巧克力

[材料]

白巧克力（DOMORI「bianco」）…適量

[作法]

① 白巧克力融化之後調溫，然後移入缽盆中。

② 將18×3cm大小的透明膠片單面浸在①中，裹上薄薄一層白巧克力。

③ 滴除多餘的白巧克力，放入長條形三溝慕斯模中塑形成起伏的波浪狀，放在室溫中直到變硬為止。剝下透明膠片之後使用。

AU BON VIEUX TEMPS

商品名 紅寶石（→P.24）

杏仁糖粉

[材料]

已做乾燥處理的香草莢豆莢…5～6根

杏仁*…1000g

細砂糖…1000g

＊將帶皮的杏仁用熱水燙煮後去皮，然後乾燥而成

[作法]

① 將乾燥的香草莢豆莢、杏仁、細砂糖放入食物調理機中，攪拌至變成較粗的砂狀。

② 將①放入滾輪碾磨機中碾磨2次左右，磨成較粗的粉狀。

杏仁甜塔皮

[材料]

奶油…2000g
糖粉…300g
鹽…15g
全蛋…8個
蛋黃…8個份
杏仁糖粉（左記）…1800g
低筋麵粉…3000g

[作法]

① 將奶油放入攪拌盆中，用攪拌機以中低速攪拌成髮蠟狀。加入糖粉，攪拌至變得滑順，再加入鹽攪拌。
② 將全蛋和蛋黃分成3～4次加入，每次加入時都要攪拌均勻。加入杏仁糖粉攪拌，攪拌至沒有粉粒之後一口氣加入低筋麵粉，攪拌至沒有粉粒為止。
③ 取出②放在作業台上，用手稍微搓揉後攏成一團。以保鮮膜包好，放進冷藏室靜置1小時以上。

紅醋栗凝凍

[材料]

紅醋栗果汁*…220g
細砂糖A…11g
果膠…2g
細砂糖B…209g

＊將紅醋栗果泥（冷凍）放在棉蒸巾上，在室溫中放置一個晚上，然後使用自然滴落的汁液

[作法]

① 將紅醋栗果汁倒入鍋中，開大火加熱。
② 加熱至大約30℃時，加入已經預先混合的細砂糖A和果膠攪拌溶勻。然後加入細砂糖B，一邊攪拌一邊煮乾水分。
③ 白利糖度變成67～70%時離火。

裝飾用巧克力（棒形）

[材料]

巧克力…適量

[作法]

① 將砧板放進冷凍室充分冷卻。
② 巧克力融化之後，裝入圓錐形擠花袋，在①的砧板上擠成線狀。
③ 趁巧克力還沒有完全變硬，以牛刀切成5cm的長度，再以抹刀從砧板剝下。

Lilien Berg

商品名 熱帶風情（→P.28）

糖煮杏桃

[材料]

杏桃（新鮮）…適量
細砂糖…比杏桃的重量稍微多一點*

＊根據杏桃的甜度適度調整

[作法]

① 將杏桃對半縱切，去籽之後放入鍋中。加入細砂糖混合攪拌，然後暫時靜置。
② 將①以小火加熱，煮至白利糖度變成60%時離火。

杏仁膏（蛙形）

[材料]

生杏仁膏…適量
糖粉…生杏仁膏的半量
色素（黃綠）…適量
皇家糖霜（glace royale）…適量
黑巧克力（融化）…適量
染成粉紅色的皇家糖霜…適量

[作法]

① 將糖粉揉進生杏仁膏中。分別捏下少量揉圓，然後以蛙形壓模壓出形狀。
② 用刀子切入切痕做成嘴巴，然後全體以噴槍噴上色素。
③ 以皇家糖霜做眼白，黑巧克力做黑眼珠，再以染成粉紅色的皇家糖霜描畫舌頭。

Oak Wood

商品名 紅玉蘋果香料茶塔（→P.32）

焦糖醬汁

[材料]

香草莢…1/4根
鮮奶油（乳脂肪含量38%）…100g
細砂糖…100g
奶油…40g

[作法]

① 將香草莢縱向剖開，連同鮮奶油一起放入鍋中，開火煮沸。
② 另取一個鍋子開火加熱，從指定分量的細砂糖中取少量放入鍋中，薄薄地鋪開。稍微融化之後一點一點加入剩餘的細砂糖，薄薄地鋪開。
③ 將②加熱至充分上色，全體冒泡之後，將已經煮沸的①一點一點地加入，以橡皮刮刀攪散溶勻。移入缽盆中放涼。
④ 將奶油攪拌成髮蠟狀，加入③中攪拌。

Un Petit Paquet

商品名 **惡魔栗子塔**（→P.40）

卡士達醬

[材料]

牛奶…1L
香草醬…6g
蛋黃…240g
細砂糖…250g
玉米粉…40g
卡士達粉…80g
發酵奶油…40g

[作法]

① 將牛奶和香草醬放入鍋中開火煮沸。
② 將蛋黃和細砂糖放入缽盆中研磨攪拌，再加入玉米粉和卡士達粉，攪拌至沒有粉粒為止。
③ 將①加入②中攪拌，再倒回①的鍋子。開大火加熱，一邊攪拌一邊煮沸，煮至沒有黏度為止。移入長方形淺盤中，加入發酵奶油，攪拌均勻。覆上保鮮膜緊密貼合，底部墊著冰水一口氣冷卻，然後在冷藏室放置一個晚上。

Maison de Petit Four

商品名 **單寧風味**（→P.44）

義大利蛋白霜

[材料]

細砂糖…適量
水…細砂糖的1/5量
蛋白…細砂糖的半量

[作法]

① 將細砂糖和水放入鍋中開火加熱，煮乾水分至118℃。
② 將蛋白打至7分發，一邊逐次少量地加入①一邊攪拌，然後充分攪拌至餘熱散盡。

噴槍用巧克力（橙、黃綠）

[材料]

白巧克力…200g
可可脂…200g
色素（橙、黃、綠）…各適量

[作法]

① 將白巧克力和可可脂放入缽盆中，隔水加熱融化。
② 將①分成各半量，一半加入橙色和黃色的色素攪拌，染成淺橙色，另一半則加入黃色和綠色的色素攪拌，染成黃綠色。

奶酥

[材料]

奶油…250g
楓糖…250g
核桃粉…85g
杏仁粉…100g
低筋麵粉…250g
肉桂粉…4g

[作法]

① 將奶油放入缽盆中，攪拌成髮蠟狀，再加入楓糖、核桃粉、杏仁粉、低筋麵粉、肉桂粉攪拌。
② 將①放在鋪有SILPAT烘焙墊的烤盤上，上方也以SILPAT烘焙墊蓋住，以擀麵棍延展成比1cm略薄的厚度。
③ 放入180℃的旋風烤箱中，烘烤至某個程度之後取出，用手剝散攤開，再烤一次。反覆進行這個步驟，烘烤至變成粉碎的金黃色粗粒狀態為止。

香緹鮮奶油

[材料]

鮮奶油（乳脂肪含量40%）…適量
細砂糖…鮮奶油9%的量

[作法]

① 混合材料，打至8分發的程度。

PÂTISSERIE JUN UJITA

商品名 **桃之樂**（→P.50）

櫻桃酒糖漿

[材料]

櫻桃酒…適量
糖漿（波美30度）…與櫻桃酒同量

[作法]

① 將材料混合均勻。

噴槍用巧克力

[材料]

白巧克力…適量
可可脂…白巧克力的半量

[作法]

① 將材料加熱融化之後，攪拌均勻。

---

acidracines

商品名 **開心果檸檬塔**（→P.70）

義大利蛋白霜

[材料]

細砂糖…200g
水…60g
蛋白…100g

[作法]

① 將細砂糖和水放入鍋中，以火加熱至118℃。
② 將蛋白放入攪拌盆中攪拌，充分打發起泡。
③ 一邊將①逐次少量地加入②中一邊攪拌，充分打發起泡。

奶油霜

[材料]

細砂糖…1600g
水…400g
蛋黃…800g
奶油…3200g
香草精…10g

[作法]

① 將細砂糖和水放入鍋中，以火加熱至118℃。
② 將蛋黃放入缽盆中，倒入①之後，隔水加熱攪拌。變成84℃之後，以網篩過濾，移入攪拌盆中。
③ 攪拌②，充分打發起泡。加入已經攪拌成髮蠟狀的奶油，繼續攪拌至全體融合在一起。加入香草精攪拌。

卡士達醬

[材料]

牛奶…1L
香草莢…1.5g
加糖蛋黃（加入20%的糖）…312g
細砂糖…218g
低筋麵粉…90g
卡士達粉…15g
奶油…100g

[作法]

① 將牛奶倒入鍋子中，加入沒有剖開的香草莢，開火加熱。
② 將加糖蛋黃、細砂糖、低筋麵粉、卡士達粉放入缽盆中，研磨攪拌。
③ 將②加入①之中，一邊攪拌一邊熱煮。煮好之後離火，加入奶油攪拌。
④ 取出香草莢，剖開後刮下香草籽。只將香草籽放回鍋中混合，然後以網篩過濾。

噴槍用巧克力

[材料]

白巧克力…100g
可可脂…50g

[作法]

① 將材料混合，加熱至45℃融化之後，攪拌均勻。

pâtisserie **VIVIenne**

商品名 哥斯大黎加歌劇院蛋糕（→P.78）

法式蛋白霜

[材料]

蛋白…420g
細砂糖…6g

[作法]

① 將蛋白放入攪拌盆中以高速攪拌，打發至某個程度之後加入細砂糖，攪拌至以攪拌頭舀起時會迅速落下的硬度。

義大利蛋白霜

[材料]

細砂糖…167g
水…55g
蛋白…83g

[作法]

① 將細砂糖和水放入鍋中，開火加熱至116℃。
② 將蛋白放入攪拌盆中，一邊以打蛋器攪拌，一邊以如同垂下細線的流速倒入①。將攪拌盆與攪拌機組合之後，以高速攪拌直到溫度降至28℃。

UN GRAND PAS

商品名 安格蘭琵女士（→P.82）

義大利蛋白霜

[材料]

細砂糖…200g
水…細砂糖的1/3量（約67g）
蛋白…100g

[作法]

① 將細砂糖和水放入鍋中，以火加熱至122℃。
② 將蛋白放入攪拌盆中，攪拌至6～7分發。
③ 一邊將①逐次少量地加入②中，一邊攪拌，攪拌至充分發泡。

炸彈糊

[材料]

細砂糖…500g
水…166g
蛋黃…320g

[作法]

① 將細砂糖和水放入鍋中，以火加熱至108℃。
② 將蛋黃放入攪拌盆中，加入①之後以打蛋器攪拌。將攪拌盆與攪拌機組合之後，以高速攪拌至全體融合為止，然後切換成中速，攪拌至與體溫相當的程度。

PÂTISSERIE BIGARREAUX

商品名 愉悅（→P.86）

___

噴槍用巧克力

[材料]
黑巧克力…適量
可可脂…與黑巧克力同量

[作法]
① 將材料加熱融化之後，攪拌均勻。

PÂTISSERIE LACROIX

商品名 黑醋栗柳橙（→P.102）

___

黑醋栗鏡面果膠

[材料]
透明鏡面果膠…500g
黑醋栗濃縮果汁…75g

[作法]
① 將材料混合均勻。

Ryoura

商品名 康芙蕾兒（→P.106）

___

義大利蛋白霜

[材料]
細砂糖…200g
水…68g
蛋白…100g

[作法]
① 將細砂糖和水放入鍋中，以火加熱至118℃。
② 將蛋白放入攪拌盆中以高速攪拌。攪拌至5分發之後，一邊逐次少量地倒入①，一邊繼續打發。
③ 水分消失之後降速成中速，繼續混合攪拌。充分打發之後轉為低速，一邊調整質地一邊攪拌至約30℃為止。移至鐵盤上，放入急速冷凍庫中冷卻至約24℃。

葡萄柚果醬

[材料]
粉紅葡萄柚果泥…430g
細砂糖…170g
果膠…5.5g

[作法]
① 將粉紅葡萄柚果泥放入鍋中，開火加熱至約40℃。
② 加入已經預先混合的細砂糖和果膠，一邊攪拌一邊熬煮。沸騰後再煮1分鐘，然後離火。

浸潤用糖液

[材料]
糖漿（波美30度）…40g
粉紅葡萄柚果泥…20g

[作法]
① 將材料混合均勻。

___

杏仁脆片

[材料]
杏仁片（無皮）…50g
糖粉…30g
糖漿（波美30度）…70g

[作法]
① 混合材料之後，每份取少量（以每份取杏仁片2片，或是3～4片為準）薄薄地攤平在鋪有SILPAT烘焙墊的烤盤上。
② 將①以155℃的旋風烤箱烘烤約15分鐘。

___

糖漬葡萄柚

[材料]
葡萄柚…1個
細砂糖…150g
水…330g

[作法]
① 葡萄柚連皮切成6等分，去籽，由冷水（分量外）開始煮起，沸騰後倒入網篩中。以同樣的方式煮沸後倒掉熱水計4次。
② 將細砂糖和指定分量的水放入鍋中開火加熱，沸騰後加入①，轉為小火，煮至竹籤可以迅速插入為止。

ASTERISQUE

商品名 阿拉比卡（→P.122）

___

噴槍用巧克力

[材料]
黑巧克力…適量
可可脂…與黑巧克力同量

[作法]
① 將材料加熱融化之後，攪拌均勻。

Pâtisserie Etienne

商品名 希里阿絲（→P.126）

___

噴槍用巧克力

[材料]
黑巧克力
（森永商事「CRÉOLE」／可可含量60%）…300g
可可脂…200g
加入色素（紅）的可可脂…20g

[作法]

① 將材料加熱融化之後，攪拌均勻。

裝飾用巧克力（巧克力片／黑、牛奶）

[材料]

黑巧克力
（森永商事「CRÉOLE」／可可含量60%）…適量
牛奶巧克力
（大東CACAO「SUPÉRIEURE lacté」／可可含量38%）…適量

[作法]

① 將2種巧克力分別調溫之後，以透明膠片夾住，擀薄。
② 變硬後，用手分別剝碎成大一點的薄片。

Les Temps Plus

商品名 **黑森林蛋糕**（→P.134）

生杏仁膏

[材料]

細砂糖…1000g
杏仁（無皮）…1000g
蛋白…100g
水…100g

[作法]

① 將細砂糖和杏仁放入食物處理機中，攪拌至變細。
② 將①移入缽盆中，加入蛋白和水攪拌。以滾輪碾磨機碾磨成膏狀。

OCTOBRE

商品名 **焦糖慕斯塔**（→P.138）

杏桃果醬

[材料]

杏桃乾…1000g
細砂糖…1000g
水A…500g
水B…500g
檸檬汁…40g

[作法]

① 將杏桃乾、細砂糖、水A放入鍋中，開小火加熱，煮至沒有水分之後加入水B和檸檬汁，繼續熬煮至杏桃變成溶化的狀態為止。

焦糖核桃

[材料]

細砂糖…250g
水…70g
烘烤過的核桃…300g
奶油…20g

[作法]

① 將細砂糖和水放入鍋中煮乾水分，然後加入烘烤過的核桃使之變成焦糖色。
② 將奶油加入①之中攪拌，然後移到SILPAT烘焙墊上面，攤開冷卻。

Pâtisserie Les années folles

商品名 **咖啡榛果蛋糕**（→P.146）

噴槍用巧克力（黃）

[材料]

白巧克力…100g
加入色素（黃）的可可脂…200g

[作法]

① 將白巧克力和加入色素（黃）的可可脂放入缽盆中，加熱融化後攪拌均勻。

焦糖榛果

[材料]

細砂糖…50g
水…25g
榛果（無皮）…200g

[作法]

① 將細砂糖和水放入鍋中開火加熱，待細砂糖溶化，冒出大氣泡之後加入榛果。榛果變成褐色之後關火，移至長方形淺盤中，一顆一顆分開。

Pâtisserie a terre

商品名 **皮埃蒙特栗子蛋糕**（→P.158）

蘭姆酒糖漿

[材料]

細砂糖…80g
水…200g
蘭姆酒（NEGRITA RHUM）…80g

[作法]

① 將細砂糖和水放入鍋中開火加熱，沸騰之後加入蘭姆酒攪拌均勻。

刊載的
店家
&
甜點師
介紹

à tes souhaits!

店主兼甜點師
川村英樹先生
(→P.8)

1971年出生於新潟縣。曾於東京王子大飯店任職，之後赴法國。於Grand Hotel des Thermes修業後回國。2001年，擔任「à tes souhaits!」的甜點主廚。現在是店主兼甜點師。2015年成為Relais Desserts甜點協會的會員。

DATA
東京都武蔵野市吉祥寺東町3-8-8 カサ吉祥寺2
☎ 0422-29-0888
www.atessouhaits.co.jp

Paris S'éveille

店主兼甜點師
金子美明先生
(→P.12)

1964年出生於千葉縣。曾任職於「LE NÔTRE」等店，之後赴法國修業。回國之後，2003年「Paris Séveille」開業。2013年「Au Chant du Coq」於法國・凡爾賽開業。2016年成為Relais Desserts甜點協會的會員。

DATA
東京都目黒区自由が丘2-14-5
☎ 03-5731-3230

Pâtisserie
LA VIE DOUCE

店主兼甜點師
堀江 新先生
(→P.16)

1967年出生於神奈川縣。曾於法國「法芙娜」、比利時「丹姆」、盧森堡「OBERWEIS」等店修業。回國之後，曾任職於銀座和光的「Gâteaux De Paris Le Choix」，2001年「Pâtisserie LA VIE DOUCE」開業。

DATA
新宿店：東京都新宿区愛住町23-14
☎ 03-5368-1160
www.laviedouce.jp

pâtisserie
Sadaharu AOKI paris

店主兼甜點師
青木定治先生
(→P.20)

1968年出生於東京都。1991年赴法國，曾在各家名店累積工作經驗。2001年「pâtisserie Sadaharu AOKI paris」於巴黎第6區開業。目前為止，曾獲選為法國最優秀甜點師和頂尖前5名巧克力師傅等，有眾多獲獎紀錄。

DATA
丸の内店：東京都千代田区丸の内3-4-1
新国際ビル1F
☎ 03-5293-2800　www.sadaharuaoki.jp

AU BON VIEUX TEMPS

店主兼甜點師
河田勝彦先生
河田薫先生
(→P.24)

勝彦先生1944年出生於東京都。1981年「AU BON VIEUX TEMPS」開業。薫先生1978年出生於埼玉縣。曾任職於AU BON VIEUX TEMPS等店，之後赴法國，於巴黎文華東方酒店等處修業。2012年回國，於現在的店服務。

DATA
東京都世田谷区等々力2-1-3
☎ 03-3703-8428
aubonvieuxtemps.jp

Lilien Berg

店主兼甜點師
橫溝春雄先生
(→P.28)

1948年出生於埼玉縣。曾任職於「S. Weil」，並至德國、瑞士、奧地利維也納的「DEMEL」等店修業約5年的時間。回國後，任職於「新宿中村屋Gloriette」，1988年「Lilien Berg」開業。

DATA
神奈川県川崎市麻生区上麻生4-18-17
☎ 044-966-7511
www.lilienberg.jp

Oak Wood

店主兼甜點師
橫田秀夫先生
(→P.32)

1959年出生於埼玉縣。曾任職於東京王子大飯店、「Pâtisserie de L'écrin」、東京全日空飯店，1994年擔任東京柏悅酒店的糕點主廚。2004年「菓子工房Oak Wood」於埼玉縣春日部開業。

DATA
埼玉県春日部市八丁目966-51
☎ 048-760-0357
oakwood.co.jp

LA VIEILLE FRANCE

店主兼甜點師
木村成克先生
(→P.36)

1963年出生於大阪府。曾於法國的「Naegel」、「La Vieille France」、「BERNACHON」等店工作共計11年，磨練技術。回國之後，曾擔任「Pâtisserie Frais」等處的甜點主廚，2007年「LA VIEILLE FRANCE」開業。

DATA
東京都世田谷粕谷4-15-6
グランデュール千歳烏山1F
☎ 03-5314-3530　www.lavieillefrance.jp

Un Petit Paquet

店主兼甜點師
及川太平先生
(→ P.40)

1950年出生於東京都。曾任職於「AU BON VIEUX TEMPS」，後赴歐洲於「OBERWEIS」、「Jacques」等處修業。曾擔任「PIERRE D'OR」的甜點主廚，1998年「Un Petit Paquet」開業。2012年成為Relais Desserts甜點協會的會員。

DATA
神奈川県横浜市青葉区みすずが丘19-1
☎ 045-973-9704
www.un-petit-paquet.co.jp

Maison de Petit Four

店主兼甜點師
西野之朗先生
(→ P.44)

1958年出生於大阪府。曾任職於「AU BON VIEUX TEMPS」，之後於巴黎「Arthur」、「Maison du Roy」累積工作經驗。回國後，開設了「France菓子工房西野」，1990年「Maison de Petit Four」開業。

DATA
本店：東京都大田区仲池上2-27-17
☎ 03-3755-7055
mezoputi.com

PÂTISSERIE JUN UJITA

店主兼甜點師
宇治田 潤先生
(→ P.50・110)

1979年出生於東京都。曾任職於神奈川縣葉山的「St. Louis島」和巴黎的「pâtisserie Sadaharu AOKI paris」，回國後於神奈川縣鎌倉的「Pâtisserie雪乃下」擔任主廚約6年的時間。2011年「PÂTISSERIE JUN UJITA」開業。

DATA
東京都目黒区碑文谷4-6-6
☎ 03-5724-3588
www.junujita.com

Pâtisserie Yu Sasage

店主兼甜點師
捧 雄介先生
(→ P.54・110)

1977年出生於新潟縣。曾於「A.Lecomte」、「HÔTEL DE MIKUNI」修業，之後擔任「L'oiseau de Lyon」的副主廚、「Plaisir」的主廚。2013年「Pâtisserie Yu Sasage」於東京都千歳烏山開業。

DATA
東京都世田谷区南烏山6-28-13
☎ 03-5315-9090
ja-jp.facebook.com/PatisserieYuSasage

Pâtisserie PARTAGE

店主兼甜點師
齋藤由季女士
(→ P.58・110)

高中時取得調理師證照。曾任職於東京都代官山的「Chez Lui」等處，23歲時赴法國，在甜點老店等研修4年。曾於東京都南品川的「Les Cinq Épices」擔任甜點主廚，2013年獨立開業。

DATA
東京都町田市玉川学園2-18-22
☎ 042-810-1111
www.patisserie-partage.com

Libertable

店主兼甜點師
森田一頼先生
(→ P.62・112)

1978年出生於新潟縣。於日本和法國的餐廳和甜點店修業之後，擔任「L'Embellir」餐廳（東京都表參道）的甜點主廚。2010年擔任「Libertable」的主廚，之後成為店主。

DATA
東京都港区赤坂2-6-24 1F
☎ 03-3583-1139
libertable.com

Pâtisserie Rechercher

店主兼甜點師
村田義武先生
(→ P.66・112)

1977年出生於愛知縣。糕點製作專門學校畢業後，於大阪「NAKATANI亭」，以及東京和神奈川縣橫濱的甜點店修業。後回NAKATANI亭擔任副主廚共7年。2011年「Pâtisserie Rechercher」於大阪府南堀江開業。

DATA
大阪府大阪市西区南堀江4-5 B101
☎ 06-6535-0870
rechercher34.jugem.jp

acidracines

店主兼甜點師
橋本 太先生
(→ P.70・112)

1975年出生於福岡縣。曾任職於北海道的洞爺湖溫莎飯店，之後於法國等地研修，2007年於大阪府吹田的「quai montebello」擔任甜點主廚。2013年「acidracines」於大阪府天滿橋開業。

DATA
大阪府大阪市中央区内平野町1-4-6
☎ 06-7165-3495
www.acidracines.com

M-Boutique
OSAKA MARRIOTT MIYAKO HOTEL

飲料部點心料理長
赤崎哲朗先生
(→ P.74・114)

1975年出生於京都府。曾任職於大阪日航飯店、名古屋萬豪飯店，從2014年起擔任現職。在2013年的世界盃甜點大賽中擔任日本代表隊的隊長，帶領團隊贏得亞軍。

DATA
大阪府大阪市阿倍野区阿倍野筋1-1-43
☎ 06-6628-6111
www.miyakohotels.ne.jp/osaka-m-miyako

pâtisserie
VIVIenne

店主兼甜點師
柾屋哲郎先生
(→P.78・114)

1976年出生於福島縣。於東京都下高井戶的「Noliette」研修7年，於法國研修3年。修業的甜點家「Michel Belin」進入日本展店的2009年，擔任同品牌的日本主廚。2011年「pâtisserie VIVIenne」開業。

DATA
愛知県名古屋市昭和区山手通2-13 クレス1F
☎ 052-836-5500

UN GRAND PAS

店主兼甜點師
丸岡丈二先生
(→P.82・114)

1978年出生於埼玉縣。2000年起於「AU BON VIEUX TEMPS」修業9年，在那之後赴法國。回國後，於「Au Bec Fin」（埼玉縣川口）擔任甜點主廚3年，2013年「UN GRAND PAS」於埼玉縣埼玉新都心開業。

DATA
埼玉県さいたま市大宮区吉敷町4-187-1
☎ 048-645-4255
ja-jp.facebook.com/UN.GRAND.PAS

PÂTISSERIE
BIGARREAUX

店主兼甜點師
石井 亮先生
(→P.86・116)

1974年出生於埼玉縣。曾任職於「L'épi D'or」（東京都田園調布）、「山口屋」（埼玉縣），之後赴歐洲。於盧森堡、法國修業，回國後，在2003年擔任L'épi D'or的甜點主廚。2014年「PÂTISSERIE BIGARREAUX」開業。

DATA
東京都世田谷区桜新町1-15-22
☎ 03-6804-4184
ja-jp.facebook.com/patisseriebigarreaux

Shinfula

店主兼甜點師
中野慎太郎先生
(→P.90・116)

1978年出生於埼玉縣。曾任職於東京都惠比壽的「Taillevent Robuchon」（現在的「Joël Robuchon」），之後於「Les Créations de NARISAWA」（現在的「NARISAWA」）擔任甜點主廚。2013年「Shinfula」開業。

DATA
埼玉県志木市幸町3-4-50
☎ 048-485-9841
www.shinfula.com

Relation

店主兼甜點師
野木将司先生
(→P.94・116)

1978年出生於神奈川縣。曾任職於「Le Saint Honore」，後赴法國於「LAURENT DUCHÊNE」、「Patrick Chevallot」修業。回國後，任職於「PIERRE HERMÉ PARIS」、「LINDEN BAUM」等店，2013年「Relation」開業。

DATA
東京都世田谷区南烏山3-2-8
☎ 03-6382-9293
ja-jp.facebook.com/Relationentre

grains de vanille

店主兼甜點師
津田励祐先生
(→P.98・118)

1979年出生於福井縣。曾任職於兵庫縣神戶的「Pâtissier HIDEMI SUGINO」，之後赴法國。回國後，於「資生堂PARLOUR」和東京都京橋的「HIDEMI SUGINO」等店研修。2011年，「grains de vanille」於京都市內開業。

DATA
京都府京都市中京区間之町通二条下鍵屋町486
☎ 075-241-7726
www.grainsdevanille.com

PÂTISSERIE
LACROIX

店主兼甜點師
山川大介先生
(→P.102・118)

1978年出生於大阪府。曾經任職於大阪的「NAKATANI亭」，之後赴法國，回國後，曾任職於東京都吉祥寺的「L'EPICURIEN」、愛知縣名古屋的「LA BOUTIQUE de Joël Robuchon」，2011年「PÂTISSERIE LACROIX」開業。

DATA
兵庫県伊丹市伊丹2-2-18
☎ 072-747-8164
lacroix.jp

Ryoura

店主兼甜點師
菅又亮輔先生
(→P.106・118)

1976年出生於新潟縣。於法國各地修業3年後回國。曾任職於「Pierre Hermé Salon de Thé」，之後擔任「D'eux Pâtisserie-Café」的甜點主廚。2015年，「Ryoura」於東京用賀開業。

DATA
東京都世田谷区用賀4-29-5
グリーンヒルズ用賀ST 1F
☎ 03-6447-9406　www.ryoura.com

ASTERISQUE

店主兼甜點師
和泉光一先生
(→P.122・162)

1970年出生於愛知縣。曾任職於東京都成城的「成城ALPS」、大阪府堺的「花和菓子工房Franchise」，之後擔任東京都調布「Salon de The CERISIER」的甜點主廚。2012年「ASTERISQUE」於東京都代々木上原開業。

DATA
東京都渋谷区上原1-26-16 タマテクノビル1F
☎ 03-6416-8080
www.asterisque-izumi.com

Pâtisserie
Etienne

店主兼甜點師
藤本智美先生
(→P.126・164)

1970年出生。於橫濱王子大飯店和東京凱悅酒店研修，在後者擔任點心料理長約5年。2007年活躍於世界盃甜點大賽。2011年獨立開業。

DATA
神奈川県川崎市麻生区万福寺6-7-13
マスターアリーナ新百合ヶ丘1F
☎ 044-455-4642　www.etienne.jp

Pâtisserie Chocolaterie
Chant d'Oiseau

店主兼甜點師
村山太一先生
(→P.130・164)

1979年出生於埼玉縣。曾任職於「PÂTISSERIE Chêne」、「PÂTISSERIE Acacier」，之後赴歐洲。於比利時的「Yasushi Sasaki」和「Corné Toison d'Or」等店磨練技藝。2010年「Pâtisserie Chocolaterie Chant d'Oiseau」開業。

DATA
埼玉県川口市幸町1-1-26
☎ 048-255-2997
www.chant-doiseau.com

Les Temps Plus

店主兼甜點師
熊谷治久先生
(→P.134・164)

1979年出生於千葉縣。曾任職於「PÂTISSERIE DU CHEF FUJIU」、「AU BON VIEUX TEMPS」，之後赴法國，於巴黎的「PATRICK ROGER」和洛林地區的「Franck Kestener」等處修業。2012年「Les Temps Plus」開業。

DATA
千葉県流山市東初石6-185-1
☎ 04-7152-3450
lestempsplus.com

OCTOBRE

店主兼甜點師
神田智興先生
(→P.138・166)

1974年出生於東京都。曾於「A.Lecomte」、「Noliette」、「MALMAISON」修業，赴法國之後於「Gérard Mulot」、「Pierre Hermé Paris」等店磨練技藝。曾擔任LINDT & SPRUNGLI JAPAN 株式會社的主廚，2013年「OCTOBRE」開業。

DATA
東京都世田谷区太子堂3-23-9
☎ 03-3421-7979

Pâtisserie
TRÈS CALME

店主兼甜點師
木村忠彦先生
(→P.142・166)

1982年出生於東京都。曾立志做廚師，之後轉行為甜點師。曾任職於「銀座L'écrin」、西洋銀座飯店，之後會員制的飯店Uraku青山擔任甜點主廚。2014年「TRÈS CALME」於東京都千石開業。

DATA
東京都文京区千石4-40-25
☎ 03-3946-0271
www.tres-calme.com

Pâtisserie
Les années folles

店主兼甜點師
菊地賢一先生
(→P.146・166)

1978年出生於神奈川縣。於東京都內數家甜點店修業之後，在東京柏悅酒店、巴黎的巴黎柏悅酒店，和「SÉBASTIEN GAUDARD」等處磨練技藝。2012年「Pâtisserie Les années folles」開業。

DATA
東京都渋谷区恵比寿西1-21-3
☎ 03-6455-0141
lesanneesfolles.jp

Pâtisserie & café
DEL'IMMO

甜點主廚
江口和明先生
(→P.150・168)

1984年出生於東京都。從糕點製作專門學校畢業之後，擔任「澀谷FRANÇAIS」的店員。在那之後，於東京和兵庫縣神戸的高級巧克力專門店研修，2013年擔任東京都赤坂「Pâtisserie & café DEL'IMMO」的甜點主廚。

DATA
赤坂店：東京都港区赤坂3-19-9
☎ 03-6426-5059
www.de-limmo.jp

pâtisserie
accueil

店主兼甜點師
川西康文先生
(→P.154・168)

1979年出生於大阪府。從糕點製作專門學校畢業之後，曾於「花和菓子工房Franchise」和「NAKATANI亭」等大阪府內的甜點店修業共計15年。曾任NAKATANI亭的副主廚。2014年「pâtisserie accueil」開業。

DATA
大阪府大阪市西区北堀江1-17-18-102
☎ 06-6533-2313
ameblo.jp/p-accueil2014

Pâtisserie
a terre

店主兼甜點師
新井和碩先生
(→P.158・168)

1977年出生於兵庫縣。從糕點製作專門學校畢業後，任職於新神戸東方酒店（現在的神戸全日空皇冠廣場酒店）、京都的「LAIMANT館」等處，磨練技藝。2012年「Pâtisserie a terre」於大阪府池田開業。

DATA
大阪府池田市城南1-2-3
☎ 072-748-1010
aterre.citylife-new.com

【日文版工作人員】

攝影　　　天方晴子、上仲正寿、海老原俊之、大山裕平、加藤貴史、
　　　　　合田昌弘、谷口憲児、間宮博、安河内聡
封面攝影　岩崎真平
設計　　　伊藤泰久（ink in inc）
編輯　　　吉田直人

PETIT GATEAU RECIPE
PATISSERIE 35 TEN NO NAMAGASHI NO GIJUTSU TO IDEA
© SHIBATA PUBLISHING CO., LTD. 2017
Originally published in Japan in 2017 by SHIBATA PUBLISHING CO., LTD.
Chinese translation rights arranged through TOHAN CORPORATION, TOKYO.

時尚法式甜點
步驟最詳盡，一次網羅35家熱門店人氣配方！

2018年12月1日初版第一刷發行
2022年 5 月1日初版第四刷發行

編　　　著　café-sweets編輯部
譯　　　者　安珀
特 約 編 輯　賴思妤
美 術 編 輯　竇元玉
發 行 人　南部裕
發 行 所　台灣東販股份有限公司
　　　　　＜地址＞台北市南京東路4段130號2F-1
　　　　　＜電話＞（02）2577-8878
　　　　　＜傳真＞（02）2577-8896
　　　　　＜網址＞http://www.tohan.com.tw
郵 撥 帳 號　1405049-4
法 律 顧 問　蕭雄淋律師
總 經 銷　聯合發行股份有限公司
　　　　　＜電話＞（02）2917-8022

國家圖書館出版品預行編目資料

時尚法式甜點：步驟最詳盡，一次網羅35家熱門
店人氣配方！/ café-sweets編輯部編著；安
珀譯. -- 初版. --臺北市：臺灣東販, 2018.12
180面；19×25.7公分
譯自：プチガトー・レシピ：パティスリー
35店の生菓子の技術とアイデア
ISBN 978-986-475-845-6（平裝）

1.點心食譜

427.16　　　　　　　　　　　　107019054